世にも美しき数学者たちの日常

二 宮 敦 人

幻冬舎文庫

世にも美しき数学者たちの日常

二宮敦人

プロローグ

「私、数学科出身の方とお見合いしたことあるんですよ」

始まりは飲み会の席でぽろりと出た一言だった。

「どうだったんですか？」

僕は担当編集者の袖山さんに聞く。

「いやー……良い方、はい、良い方には間違いないんですが、話が……なんというか……盛り上がらなかったんです」

ベテラン編集者の彼女をもってしても盛り上がらないとは。

「どんな話題を振っても、話が止まっちゃうんですよ。途中からは、『そう』とか『ふうん』くらいのやり取りしか記憶に残ってなくて……盛り上がるポイントが最後まで摑《つか》めませんでしたね」

たはあ、と袖山さんは額《ひたい》に手を当てて溜息《ためいき》をついた。

さぞかし気まずかったことだろう。おそらくは、お互いに。それにしても相手の頭の中には、どんなものが詰まっていたのだろうか。

数学者って、どんな人たちだろう。学者と言っても、昆虫学者や民俗学者とはまた違う。彼らが探検しているのは、数字だけの世界。僕にとってはイメージすることすら難しい、抽象的な世界だ。

「数学って、美しいですよね」

月刊『小説幻冬』編集長の有馬さんは、焼酎を舐《な》めながらふと、夢見るような瞳で言う。

「でも、どんな風に美しいのか、詳しいところがよくわからないんですよね。数式だけ見ても、ちんぷんかんぷんだし」

僕も頷《うなず》く。

「数学者だけに見えている世界があるんじゃないでしょうか。ひょっとしたら、お見合いでもそれを聞き出せたら、楽しかったのかも」

僕は頭の中で数学者を思い描いてみた。最低限の家具だけが置かれた真っ白な部屋。安楽椅子を揺らしながら一人静かに思索にふける神経質そうな男。集中している。雑音は彼の耳には入らない。ふと何か空中に指で図形を描いたかと思うと、「わかった！」と叫んで立ち上がる。そして猛然と数式を紙に書きつけていく。そこには普通の人には理解さえできない、精緻で崇高ななにがしかの概念が完成している……。

もちろん勝手な想像に過ぎないわけだが、なんか、いいなあ。

今さら数学者になることはできない。だけど少しだけでいい、そのロマンに僕も触れることはできないだろうか。

そんな時袖山さんが言った。

「ちょっと、会いに行ってみましょうか」

かくして数学者のことを知る旅、袖山さんにとってはお見合いリベンジかもしれないが、そういったものが幕を開けたのである。

目次

在野の探究者たち

美しき数学者たち その2

その1

美しき数学者たち

1　数学者に初めて出会った日
黒川信重《くろかわのぶしげ》先生(東京工業大学名誉教授)

東京工業大学、本館のロビーで、袖山さんが手帳を確認して頷いた。

「十四時に、三階のどこかで待ち合わせです」

思わず聞き返す。

「どこか、とはどこでしょう」

「わかりません。三階のどこかにいるそうです」

「…………」

「歩き回って、出くわすのを待ちましょうか」

野生のポケモンを探すような作業が始まった。それにしてもざっくりとした約束である。数学者と言っても、全てが厳密とは限らないようだ。

そして本当に三階のどこか、廊下の中途半端な場所で、僕たちはのんびりと歩いている黒川信重先生を発見した。背が高く大柄で、きちっとスーツを着ているが少しお腹が出ていた。温和な熊《くま》のような印象である。

「ああ、どうもどうも、こんにちは。インタビューの方ですね」

日本を代表する数学者の一人である黒川先生はにこやかに笑い、手を振った。

★紙で埋め尽くされた研究室

「退官直前ということもありまして。ちょっと今、散らかっているのですが」

黒川先生は照れたように頭をかきながら、研究室を見せてくれた。僕と袖山さんは目を丸くして部屋の中を覗《のぞ》き込む。

「確かに少し、紙が散らかっているようですね……」

散らかっているのは紙だけ。だがその紙があまりにも多いのである。床を埋め尽くしている、どころではない。部屋中を埋め尽くしている。A4サイズのコピー用紙が、床といい棚といい、およそ載せられる場所全てに積み上げられ、何か所かは土砂崩れを起こしている。合計したら数万枚にはなろうか。白い城壁の隙間《すきま》から、机らしきものがかすかに見えた。

しかしこの紙の山こそが、黒川先生の研究成果だそうである。

「僕は栃木《とちぎ》に住んでいまして、片道二時間半かけて東工大まで通っているんですが、その電車の中で研究をするんですよ」

通勤鞄《かばん》の中には鉛筆と紙。必要な道具はそれだけ。

「紙に数式なんかをこう、書いていって……五十枚くらい溜《た》まると、論文が一つできるわけです。もうかれこれ四十年くらいですか、そういう生活を続けています。宇都宮線、進行方向寄りの奥のボックス席、窓側。そこが僕の指定席なんです」

「それを通勤の間、ずっとやられているんですか」

「ええ。二時間半が全然長く感じませんよ。青春18きっぷを使って、朝から夜までずっと乗って、数学をやっていたこともあります。ＪＲに感謝しないとなりませんねえ」

大学の研究室は単なる紙の倉庫であり、電車の中こそが黒川先生の研究室なのである。

「ちょっとこれ、見せてもらってもいいですか」

紙には丸っこい字が並んでいる。何が書いてあるのかはわからない。どうやら数式らしいのだが、抽象的な絵のようにも、あるいは知らない言葉で書かれた文学作品のようにも見えた。一枚一枚、黒川先生が電車の中で紡ぎ続けてきたのだ。

「研究中に詰まってしまうことはないんですか。どうしても問題が解けない、とか」

「うーん、あんまりないですね……」

黒川先生はあっさりと言う。

「一つの論文が一ヶ月くらいで完成するペースですね。もちろんその一ヶ月には研究だけでなく、授業の準備をする時間なども含まれていますが」

そんなにすいすいと研究は進むものなのか。

聞けば黒川先生が数学の楽しさに気づいたのは小学生の時。友達と数学の問題を出し合うのが遊びだったという。そして、高校生からは作った問題を数学雑誌に投稿し、何度も採用されていたそうだ。

これは、相当頭の作りが違うらしいぞ。僕はううむと唸《うな》りながら、研究室を出た。

★答え合わせに五年以上

黒板と机と椅子だけがある数学科の教室で、黒川先生は自著を一冊、僕にくれた。題は『リーマンと数論』。

「こんな風にして『リーマン予想』が解けると思う、そういうことを書いた本です」

「えっ、リーマン予想というのは……」

「ええと、有名な未解決問題の一つですね」

要するに、まだ世界で誰も解いたことのない数学の問題である。この「リーマン予想」はその中でもかなりの難問だそう。どれくらい難しいかというと、アメリカのとある研究所が、これを解いた者に百万ドル（約一億円）を授けると発表しているほど。賞金のかかった大物である。

「そのリーマン予想が解けたということなんですか？」

目の前に座っている黒川先生が、世界中の数学者が狙っている大物を仕留めた。と思ったのだが、それは早計だったらしい。

「あ、いえいえ。おそらくこんな風にしたら解けるだろうと。『リーマン予想』という問題

を作った張本人であるリーマン、彼は三十九歳で死んでしまったんですが、もう少し長生き

していたらこんな風に解いただろうと、そういうことを最後の方に書いたんです。はい」

僕は首を傾げた。

「それは解けた、とは違うんでしょうか。こんな風に解いただろう、というのがわかったと

いうことは、解けたようなものじゃないですか」

「それが数学の場合は違うんですよ。実際には論文という形にして、専門の雑誌に出して、

レフリー……審査を受ける必要があるんです」

「本当に解けているかどうか、第三者が確かめるということですか」

「そうです。これに結構時間がかかるんですね。たとえば少し前、京大の望月新一《もちづきしんいち》先生がA

BC予想というものを解いたと騒ぎになったんですが、これもずっと審査が続いてますね」

「どれくらいの期間になるんですか」

「もう五年になりますね」

五年！　僕は目を剝いた。

「問題を解くだけでも大変なんでしょうけれど。その答えが正しいかどうかを確かめるのに、そんなにかかるんですか」

「望月さんの論文の場合は、数学の言語から新しく作ってしまっているんですね。皆さんが勉強されてきた数学とは、言葉からして全く違うんです。そのあたりが時間がかかっている理由でしょうね。論文の内容を理解するのがそもそも難しいわけです」

難しい、その難しさの次元がとてつもない。

巻末を見れば解答例が載っている参考書の問題を解くのとは、かなり隔たりがあるようだ。なお、この後二〇二〇年四月、望月先生の論文は審査を通過して専門誌に掲載された。審査期間は、約七年半である。

「ところでその『リーマン予想』が解けると、どんないいことがあるんでしょうか」

「ざっくりと言えば、素数がどのように分布しているのか、がわかるようになります」

出た。素数。

実は僕は、黒川先生に会う前に少し予習をしてきていた。数学者の書いた自伝を読むとか、数学者を扱った小説や映画に目を通す程度のことだが、そこで気になったことがある。

数学者、素数を愛しすぎではなかろうか。

素数とは1とそれ自身でしか割り切れない数である。2とか、3とか、5とかがそれにあたる。確かに特徴的な数ではある。だが、道路標識に素数があったからと言って飛び跳ねるとか、わざわざくじでは素数の番号を選ぶとかいう話を聞くと、ちょっと首をひねりたくなる。創作なのか、はたまた大げさに語られているのだろうか?

しかし実際に手間暇《てまひま》かけて、二千四百万桁《けた》もある素数を見つけ出して喜んでいる人がいる。3と5のように差が2である素数の組を、双子素数などと呼んで愛でたりもする。同様に、差が4である素数の組をいとこ素数、差が6である素数の組をセクシー素数だなどと呼んでしまう、はっちゃけっぷりなのである。

ただしセクシー素数は6を表すラテン語に由来する呼び名なので、はっちゃけていたのは僕一人だったわけだが。

一体なぜそんなにも素数を大切にするのか。僕は疑問をぶつけてみた。

「万物は数である、とピタゴラスという学者が言ったんですが」

黒川先生はにこやかに頷きながら答えてくれた。

「彼は音楽の旋律から、惑星の運行まで、自然界の諸法則は数式で表せることに気が付いたんですね。世界を表現する一つの形が、数なんですよ。その数を分解していくと必ず素数に行き着きます。これはモノを分解していくと必ず原子に行き着く、そういうようなことなんです」

全ての数は、素数の組み合わせによって表現することができる。つまり素数とは数学世界の原料。水素だとか、アルミニウムのようなものらしい。

なるほど。これは大切である。

そんな素数の分布がわかれば、原料がどのようにどれだけあるのかがわかる。世界の理解が、一気に深まるのだ。

「ただ、原子もエネルギーを上げていけばいつかは分解しちゃいます。素粒子とか、そういったものに変わってしまう。同じように数学でも、たとえば5は素数ですが、根号、$\sqrt{\ }$《ルート》という概念を使えばある意味で分解できちゃう。だから素数が『分解できない材料』でいられるのは整数の世界だけです。$\sqrt{\ }$を使った、また別の数学の世界もあるわけです。素数を大切にするというのは、そういういろいろある中の、一つのものの見方なんですね」

頷きながら、何だか僕は不思議な感じがした。急に数学が実体を持ったもののように思えてきたのである。

数学者は数式の中から素数を導き出す時、ガラス瓶の内側を這《は》う水銀を眺《なが》めるような気分になるのだろうか。銅と錫を合わせて青銅を作るように、素数を掛け合わせて何かを生み出しているのだろうか。

★人間には「食べきれない」問題

「リーマン予想を実際に解くのは、やはり相当難しいんでしょうか」

「人間が扱える限界に近いと思いますね。ある意味では百五十年くらい、進展がないわけですし……」

何気なく百五十年などという言葉が出てきて、絶句してしまう。

「そんな問題、どうやって解くんですか？」

「そのまま考えるのは難しいので、それを解くための新しい問題を作ったり、細かいバリエーションを作って少しずつ解いたりしていくんです」

とても一度には食べきれない大盛りのパフェがあるとしよう。まずはウェハースだけを食べ、次にアイスを攻略するというように段階を踏む。あるいは、フルーツ部分をミキサーにかけ、ジュースにして攻略しやすくする。ざっくりそんなイメージである。

「この場合のリーマン予想、この場合のリーマン予想というように細分化してね。その中のいくつかでは、きちんと解けているんですよ」

「ウェハースとか、アイスとかの一部は攻略できた、ということですね」

「はい。そういうのを見ると、元気が湧いてきます」

「なるほど……『この場合のリーマン予想』のバリエーション、つまりパフェの具はいくつくらいあるんですか？」

「今はですね、無限個あることがわかっています」

「…………」

食べきれないぞ。

「解いているうちに少し別の問題になったりすることもあります。整数論から幾何《きか》になるとか。リーマン予想から、その変形であるラマヌジャン予想ができたり、そのラマヌジャン予想が解けることで、フェルマー予想が解けたり……そうしてあちこちに波及して、進歩したりもするんです」

「問題が問題を生んだり、別の問題を解くヒントになったりするんですね」

大盛りパフェ攻略に使えた技術が、大盛りカツ丼に応用できたりもする。それを見た店主が、ならこれも食ってみろと大盛りラーメンをメニューに加えたりする。そうして切磋琢磨が生まれていく。

「じゃあいつかリーマン予想も解けそうですね」

前に進んでいるのは確かです、と頷いてから、黒川先生は首を傾げた。

「ただ、問題が解けるというのは、我々としてはそんなに嬉しくないんですね。商売道具が一つなくなってしまう、ということでもあるので……」

「数学の世界で、解く問題がなくなって商売あがったり、なんてことはありうるんですか？」

「問題は、なくなりません。いくらでも作れるはずです。ただ、今の人間に解けそうな問題がなくなる危惧、というのがありますねぇ」

そうか。数学には、人間の能力を超えた問題というものがありうるのだ。

「進化した人工知能や、次の世代の生き物なら解けるかもしれませんが……彼らがそういう問題を解いているのを見ても、人間には理解できないでしょうね」

「解けているのに、理解できないわけですか」

「はい。なぜ解けているのかわからない。問題には適切なレベルというものがあって、ただ難しくなってもダメなんです」

「そんな時、どうするんですか」

「数学の発展の歴史を見るとよくわかります。難しくなりすぎて行き詰まったら、数学自体の仕組みを変えたりするんですよ。で、簡単なところからもう一度出発すると」

ちょうどいい難易度のパズルを作って、解き続けるようなものだろうか。

「そうして作った『新しい数学』を進めることで、根本から考え方を見直せるので……以前の数学が積み残していた問題が、ひょっこり解けたりもするんです」

「その『新しい数学』って、たとえばどんなものなんでしょうか」

「そうですね。いろいろあると思いますけれど、僕は最近『一しか使わない数学』というものを考案しているところなんですよ」

　黒川先生の目は、きらきらと輝いていた。

　一しか使わない数学。ウェハースだけで作られたパフェ。ちょっと見当がつかないが、新しいことは確かだ。

★「数式」から人柄がにじみ出る

　好奇心から、こんな質問をしてみた。

「数学者同士で集まった時、どんな話をするんでしょうか？　やっぱりこの数式は美しいとか、そんな話になりますか」

「どんな数式が好きか、というのは人それぞれありますね。それは絵を見る時の好みのようなものだと思います。でも、雑談ではそんなにしないかな……好きな数学者の話で盛り上がったりはしますよ」

　意外だった。数学者の関心事はあくまで数字であって、人ではないと思い込んでいたから。

「それは……たとえば歴史好きが、織田信長の話で盛り上がるようなものでしょうか」

「似ているかもしれませんね。リーマンの論文もね、手書きのものが残っているわけです。そこから人柄が伝わってくるんです」

「数式に人柄が出るんですか？」

「はい、出ますよ。たとえばリーマンの数式はちょっと暗くて、内向的なんですね。対してオイラーなんかは明るくて、自信がにじみ出ているんです」

超難度の問題、リーマン予想を作ったリーマンは約百五十年前の人。膨大な業績を残し、数学界の巨人と言われたオイラーは約二百五十年前の人。リーマンはその業績を当時十分に理解されず、三十九歳の時、結核で亡くなっている。オイラーは視力の低下に悩まされ、やがて両目を失明するが、口述筆記で膨大な論文を書き上げた。

一見、無機質に思える数式の裏側には、人生があったのだ。

ふと、黒川先生は言った。

「数学をやっているとですね、果たして自分にこれが理解できるのかと、不安になってしまうことがあるんです。問題であっても、証明であっても」

「えっ、黒川先生でも数学をやっていて不安になるんですか」

「そんな時にですね、過去の数学者たちの手書きの論文を読むんですよ。直筆の論文が残っていて、図書館なんかで見られるんです。『これも人がやったんだ』とわかると……自分にもできるはずだ、と元気が出るんです。親しみが湧くんですね」

数学者が数式を見る時、その向こうの「書いた人」も視野に入っていたのだ。

「数学は、人から人へ伝えるものだと思います。リーマンは若くして亡くなったので、さぞ無念だったろうと。その思いを晴らしてあげたい。オイラーが当時できなかったことが、今の数学だったらできるかもしれない。ならそれを我々がやらなくちゃならない、と思うんです」

にこにこと笑う黒川先生からは、同じ世界で戦った仲間たちへの愛が感じられた。遥か二千五百年前のピタゴラスから、何人もの手を経て受け継がれてきたバトンは今、黒川先生の手にある。生きた国や時代は違えど、数字という共通語が彼らを繋《つな》いできた。

僕は黒川先生の研究室をもう一度見る。あの膨大な手書きのメモを見て、若い数学者がバトンを受け取るのだろう。

ずいぶん勘違いをしていたらしい。数字のことしか考えていないのは数学者ではなく、僕だった。僕は数字の向こうにいる数学者たちをこれまで見ていなかったのだから。

僕は袖山さんと顔を見合わせ、頷いた。

これはお見合いリベンジどころではないぞ。もっときちんと、数学者たちのことを知りたい。決意を新たにしたのであった。

2 問題を解くことではなく、作ることが大事

黒川信重先生(東京工業大学名誉教授)

「しかし、解けたら一億円もらえる数学の問題って、ちょっと夢がありますね」

ある日の打ち合わせ中。僕が言うと、編集の袖山さんが頷《うなず》いた。

「テストと違って、それならチャレンジしたくなるかも……」

「実はあれから調べてみたんですよ」

運ばれてきたレモネードをよそに、僕は身を乗り出す。

「数学の世界にはそういう大物がまだ何匹もいるらしいんです。『ミレニアム懸賞問題』ってご存じですか？」

袖山さんは首を傾げる。

「二〇〇〇年に、アメリカのクレイ数学研究所というところが、七つの未解決問題に賞金をかけたんです。それぞれ懸賞金は百万ドル、約一億円。リーマン予想もこの中の一つでして、

他にはP≠NP予想とか、ホッジ予想というものが……」

「つまり数学の世界のボスモンスターが、まだ七匹残っているということですか。競争率の低そうなところを狙えば、私たちにも一攫千金のチャンスがあるのかも」

「あ、『ポアンカレ予想』というものだけはロシアの数学者が解いたそうです。だから残りは六匹ですね」

それにしても、と僕たちはそれぞれ首をひねった。まず疑問を表明したのは袖山さんだ。

「どうして数学の問題って、『予想』と言うんでしょうか。こうなったらいいな、ってことなんでしょうかね？　なんか、不思議な言い回し」

確かに義務教育でやってきた数学に、予想という考え方はなかった。

「一応それについても調べてみたんですけどね。答えを推測するという感じらしいですよ。たとえば僕が『全人類のほくろの数を合計すると、偶数になる』と考えたとするじゃないですか」

「え、そうなんですか？」

「いえ、わかりません。確かめたことがないので。誰も確かめたことがない、誰も解いたことのない問題だから、これは未解決問題ということになるわけです。『二宮予想』とでも言いましょうか」

「二宮予想」

　おうむ返しする袖山さんに向けて、僕はまくしたてる。

「これを確かめることが、問題を解くということになります。つまり正しいと証明できたら、二宮予想は解決。あるいは間違っていると示せたら、それでも解決なんです」

「そうか。まだ誰も解いたことがない問題の場合は、答え合わせができないんですね」

「そうそう、答えがまだわからないから、それ以前の状態。僕たちがテストで解くような問題とは、ちょっと違うんです」

「なるほど、それで予想なんだ」

　納得とばかりに頷く袖山さんだったが、今度は僕が頭を抱えた。

「そうなんですけれどね」

「まだ何か疑問が？」

「個人的には『二宮予想』も結構な難問だとは思うんですよ」

「全人類のほくろの数でしたっけ」

「はい。確かめるのは容易じゃありません。なのに同じ難問でも『二宮予想』には誰も興味を持たず、『リーマン予想』には一億円も賞金がかけられて、たくさんの数学者が解こうと人生を捧《ささ》げている。この違いはどこから来るんでしょうか」

しばらく二人で頭をひねったが、特に案も浮かばない。

「数学者に聞きましょう」

袖山さんの提案に二人して頷き、再び東京工業大学へ向かった。

★百年くらい解けない〝予想〟はざらにある

「やはり、風雪に耐える予想だったということでしょうね」

どこか数学の世界らしからぬ表現を、黒川信重先生は使った。

「もともと何百、何千と予想はあったはずなんです。でも百年、二百年と経つと、ほんの数個しか残らない。審査委員会のようなものがあるわけではなくて、時間が、歴史が、どの予想が重要なのかを決めるんですね」

「やっぱり内容が面白いかどうか、ということなんでしょうか？」

「そうですね。それが解決すると数学の世界の見通しがぐっと良くなるというものですね」

確かにほくろの数が奇数か偶数かはっきりしたとしても、人生の見通しは良くなりそうもない。難しいだけでは「良い予想」ではないのだ。

「公表した予想が、数多くの人の研究目標になって初めて『○○予想』と呼ばれるようになります。公表しても誰も相手にしてくれず、無視される場合も多いのですよ。残念ですがそれが普通です」

「誰も相手にしてくれなかったら、それからはどうするんですか？」

「ひそかに自分の研究目標にし続けるわけです」

「つまり、一人っきりで自分の予想に取り組む……」

「はい。数学の研究は、大小、あるいは公表未公表にわたる予想の連続、とも言えますね」

そこで新しい疑問が湧いてきた。

「そもそも、どうして予想を公表するんでしょうか？」

本当に面白い、数学の世界をがらりと変えるような問題を思いついたとしたら、むしろ自分だけで取っておきたくはならないのだろうか。解けるまで、黙っておきたいものではなかろうか。たとえば小説の場合、良いアイデアを思いついたら、書き上げるまで誰にも言いたくない。先に書かれてしまうなどはもってのほかである。

黒川先生は、微笑《ほほえ》みを絶やさずにゆっくりと頷く。

「一人で考えて一人で解いた方が、楽しいかもしれません。当面はね。でも数学の本当に難しい問題というのは、百年くらい解けないことがざらにあるわけなんです。それも、参考書に載っている問題と違って、誰も答えを出してくれない。だから、公表するんです。みんなも挑戦してくれ、という感じで」

「一人で相手取るには手強すぎるということですか……」

「個人で独り占めしたままだと、そのまま埋もれてしまいますからね。だったら公開した方がいいとなる。逆に言えばそんなに難しくない予想は、どんどん自分で解いて、論文にしていく。数学の論文というのはだいたいそういう風に作られていると思います」

「じゃあ、予想を公開するのは、自分の限界を知った時なんでしょうか」

「それが一番多いと思いますね。やっぱり自分で考えてもどうしようもなさそうだというのは、見極めがつくので。だったら誰か、いい考えはないかと……ある意味で『諦《あきら》め』に似た気持ちもあるんですよね」

どこかの誰かが、これを知りたいと思い、志半ばで諦めていった。自分も知りたいと思った者がそれを引き継ぎ、数学の予想は伝えられていく。懸賞金がかけられる以前から、そこには無数の思いが込められているわけだ。

ところで、数学者はどれくらい考えたら「諦める」のだろうか。

僕なんかはテストで十分ほど考えてもわからなければ次の問題に行ってしまうが。「フェルマー予想」という難問を解いたアンドリュー・ワイルズの事例を先生に教えてもらった。

ワイルズはもともと「フェルマー予想」に興味を持っていたが、「フライ・セール予想」という別の問題が解決されたのを見て、「解ける」と感じて取り組み始めた。誰にも言わず、一人で屋根裏にこもるような形で作業を続けたという。諦めていたら「フェルマー予想はこんな風に解けるはず」という「ワイルズ予想」が世に出ていたかもしれないが、彼は解いた。

一人で戦った期間は、七年間である。

★〝良い予想〟を作るのは難しい

「となると、予想を作るのもそう簡単なことではないんですね……」

僕は「二宮予想」を振り返り、恥ずかしくなっていた。

『全人類のほくろの数を全部足すと、偶数になる』

これがいわゆる二宮予想だが、突っ込みどころが満載である。全人類とはどういう範囲なのだろうか。いつの時点での全人類なのか。すでに死んだ人も含めるのか。ほくろとは、何をもってほくろと言うのか。直径何ミリ以上、メラニン色素の濃さがどのくらいのものからカウントするのか。二つが一つに繋がっているほくろは、どのように数えるのか。

そもそも考えが足りていないのだ。世に広がらないのも当たり前である。

良い予想を作るのにも相応の努力や才覚がいるものらしい。

「良い予想、良い問題というのはとても大事です。最近の数学に懸念があるとすれば、良い予想がなくなってきた、ということですね」

前回も黒川先生はそんな話をしていた。

「ラマヌジャン予想とか、ヴェイユ予想とか、フェルマー予想もそうだし、佐藤―テイト予想とか、モーデル予想……僕が学生の頃は、まだ全部残ってたんですよね」

昔を懐かしむように、黒川先生は宙を仰ぐ。

「だけど大学に入ったくらいから、だんだん解け始めて。フェルマー予想も解けてしまって、めぼしいものがだいたい解けちゃったんです。そして、リーマン予想なんかの難しい問題ばかりが残ってしまった」

リーマン予想とは、こういう問題である。

『ゼータ関数の非自明な零点の実部は、二分の一である』

難しい。何が難しいって、そもそも理解するのが難しい。正直、何のことやらさっぱりわからない。

「問題の意味がわかりませんね……ゼータ関数とは何なのか、とか……」

「そうなんですよ」

途方に暮れる僕に、黒川先生は珍しく悩ましげな顔をしてあごをいじった。

「これはかなり深刻かもしれません。数学が魅力的な分野であるためには、誰でもわかるような面白い問題がないと。専門用語を並べて作った問題というのは、たぶん誰も飛びつきません。フェルマー予想のように、一、二行くらいのものがいい。簡単に言えて、奥が深いもの。そういうものがね、なくなりつつある」

大航海時代、探検家が次々に未知の大陸を見つけていく様を僕は思い浮かべた。新しい土地を見つければ見つけるほど、残された土地は少なくなっていく。簡単には行けない極地とか、実入りの少ない場所ばかりになってしまった時、誰も冒険に乗り出さなくなるだろう。数学のフロンティアも、そんな状況になってしまっているのだろうか。

「でも、僕は楽観的な見方をしてはいるんですけどね」

椅子に座り直し、にっこりと笑う黒川先生。

「先日も言いましたけれど、これからは数学を簡単にしていこう、そういう作業が出てくると思うんです。ちょうど二十世紀の前半というのは、そういう時代だったと思います」

「そうなんですか？」

「数学の見通しが悪くなって、もうちょっとこれ以上、いろいろやることは難しくなってた頃なんですね。そこにグロタンディックという数学者が出てきて、スキームという新しい代数幾何の概念を作った。グロタンディックによると、素数全体というのも一つの幾何なんですよ」

幾何とは、図形や空間の性質を研究する分野である。僕たちが学んだ範囲で言えば、三角形の面積とか、正五角形をどうやって作図するかとか、そういうやつだ。

「素数全体が幾何ということは、2、3、5、7……という一連の数を、図形や空間として捉える……ということになるんですか」

とりあえず、全然違った物の見方ができるだろうことだけは、素人《しろうと》の僕にもわかった。

「はい、そうすると、整数論なんかもぐっとわかりやすくなるんです。こういう新しい考え方の力で、二十世紀の後半に、いろんな予想がバタバタと解けたんだと思います。難しい問題に対しては新しい手法を開発して、簡単にするんですよ」

なるほど。そうしてたくさんの予想が解けた今、再び数学が難しくなってきてしまっているわけだ。

「もう一度、数学を簡単にする新しい発想が必要とされているんですね」

「そうですね。簡単にすることで解ける予想もあれば、簡単になった数学の世界で新しく出てくる問題もある。今までに見えてなかったような問題が見つかることもある」

黒川先生の懸念と期待は表裏一体。

「だからある意味では、面白い時代だとも思いますよ」

未踏破の大陸は一見、なくなってしまったように思える。これまでと同じ船で、同じ航海術では、たどり着けない。だけど宇宙の彼方にはどうか。あるいは地底には、異次元には？全く新しい発想によって、誰も知らなかった新大陸にたどり着ける可能性があるのだ。

★僕も、未解決問題を学んでいた！

黒川先生が語る数学はまるで未知の世界への冒険物語のようだ。何だか数学がとても面白そうに思えてきた。一億円の賞金も含めて、ロマンを感じるぞ。

だが待て。僕は自分に言い聞かせる。中学や高校の数学であれほど苦しんだのを忘れたのか。冷静に考えろ、未解決問題に挑むなんてのは、僕にとっては夢のまた夢だ。

そんな弱音を吐いていると、黒川先生がうんうん、と頷きながら微笑む。

「それがですね、未解決問題のような難しい数学と、学校でやるような数学というのはそんなに差がないんですよ」

「えっ？」

またまた、そんなはずはないでしょう。しかし黒川先生は大真面目《おおまじめ》だった。

「たとえば一七五〇年くらいかな、当時のオイラーとか、ああいう数学者が手がけた問題が、今の教科書に載ってるんですよ。中学や高校の教科書に」

「えっ、そうなんですか？」

「つまり当時の未解決問題だったんです」

二次方程式の解《かい》の公式。三角関数。正弦定理、余弦定理……みな強敵であった。公式を無理矢理覚えることで、何とか赤点を免《まぬが》れてきた。だが、昔はその公式すらなかったのである。天才たちが取り組む難題の一つだった。数学者が取り組み解き明かした、その足跡を僕たちは学校でたどっていたのである。

「何だか僕にもできる気がしてきました」

だって例題をやりながらなら、解けたじゃないか。補助輪をつければやれるとなれば、まんざら不可能というわけでもない。そこは努力と情熱次第だ。

「だから数学というのは、年を取ってからもできますよ」

説得力のある言葉だ。

黒川先生は先日、東京工業大学を定年退職された。生活に何か変化があったかというと、授業がなくなったくらいで、やっていることは同じだそうである。

「数学はある意味で、のんびり考えて楽しむものなんですよ。三時間が与えられてその中で五問解くとか、点数で競争するとか、そういうのは数学の本来の趣旨ではないんです。難しい問題だと、五年とか十年とかの時間じゃ、どうしようもないこともある。だから人生設計なんかと同じで、十年くらい回り道してもいいわけです」

「ひょっとして……数学の問題を解くというのは、『人生とは何か』とか、そういうことを考えるのに近い感覚なんでしょうか」

「うん、そうですね」

我ながら変な質問だと思ったが、黒川先生はこともなげに頷いた。

「実際、岡潔《おかきよし》さんという数学者は、仏教をかなり信心していたんです。数学で困難が出てくると、宗教的な生活に打ち込むんですね。そうすると数学も進むのだそうですよ。そういうものなんです」

★数式を書き写すだけでも楽しい

「数学を今から始めるとしたら、どんなことから始めればいいでしょうか?」

受験勉強やテストのための数学ではない、楽しい数学を僕もやってみたいのである。

黒川先生はしばらく考えてから答えてくれた。

「問題を作る、というのはいいことだと思いますよ。受け身で、誰かが作った問題を解かされる、というのはあまり楽しくないですよね」

「その……どうやって問題を作ればいいんでしょう」

黒川先生は嫌《いや》な顔一つせずに教えてくれる。

「そうですね、最初はたとえば三角形とか、円ですとか。そういったお題を一つ二つ決めて、それで問題を作るというのをやってみると、だんだん面白くなるんじゃないかと思います」

わかるようなわからないような話だったが、ふとこんなたとえ話から摑めてきた。

「作家で言うなら、タイトルだけ決めて小説を書くようなものでしょうか」

そうか。そういう感じか。

たとえば「とある男の大失敗」というタイトルだけ決めて、小説を書くとしよう。そいつは一体どんな男なのか、真面目一筋にやってきたサラリーマンなのか、ちゃらんぽらんなフリーターなのか。大失敗とは何をやらかしたのか。どうしてそんな失敗に至《いた》ってしまったのか。いろいろと考えを膨《ふく》らませていく。その過程はなかなかわくわくする。面白い小説になりそうなら、なおさらだ。

「一般的には、『数学の問題は与えられる』という先入観が強いですよね？　でも一番面白いのは、問題を作ることなんです。問題を『起こす』と言い換えてもいいかな。新しい問題を作ると、いろいろと真剣に考え始めるでしょう。そのうち、他の誰も考えていないものを見つけると、これが非常に楽しい。さらに、これに関してはどうも人類の中でまだ自分しか考えていないようだ、というものがあると、それはもうほとんど、死んでもいい！　というくらいなんです」

なるほど、数学の喜びとは、創造の喜びなのだ。

黒川先生はにっこり、微笑む。

「問題を作る、その延長線上に予想を作るということがあるわけです。そして未解決問題のような、優れた予想もその中で生まれてくる。予想を解決するのも、また問題を作ることで成されるんですね。『こういう風にしたら解けるんじゃないか？』という問題の積み重ねなんです。だから問題を作るというのが、数学の本当に基本的な作業なんです」

数学は「これを解け！」の積み重ねではなかった。「なぜ？」の積み重ねなのだ。

「なぜ？」には正解がない。素朴で個人的な疑問を、好きなだけ突き詰めていいのである。

だから数学を考えることは人生を考えることに繋がる。

「オイラーの論文を書き写していると、楽しいんですよ」

いきなり、黒川先生が不思議なことを言い始めた。

「え、書き写す、ですか？」

「写経ではなく、『写オイラー』ですね。オイラーの作った公式は、出されてみると当たり前だな、と思えるものが多いです。それは非常に自然にオイラーが考えているからなんですね。彼は六十代で全盲になりましたが、むしろそれ以降の方が、論文に迫力がある。僕も同じ年代に入ってきたものですから、読んでいると勇気が出ますよ。その論文をね、頭で考えるというよりは唱えているだけとか、書き写しているだけで理解が深まるんです」

「『南無阿弥陀仏』と唱えるみたいにですか?」

　まさかと思いながら聞いたのだが、黒川先生は頷く。

「そうそう、そうそう。ただ読むだけでは意味がわからないものもありまして。どういうことを言っているのかわからないんだけど、読んでいるうちにああそういうことかと、現代数学で解釈できるようになる。オイラーは時代の先を行きすぎちゃってたんですよ。二一〇〇年くらいまでタイムマシンで行って、戻ってきた人なんじゃないかと思うくらい」

　つい先日も、とあるオイラーの論文が、やっと理解できたのだという。お経のように繰り返すうち、ようやく腑《ふ》に落ちる瞬間が訪れたそうだ。

「みんなに伝えたら驚いてましたよ。オイラーが二百五十年前にこんなことを考えていたのか、とね」

　幸せそうな黒川先生の顔を見ていて、僕は思わず呟《つぶや》いた。

「何だか数学ってすごくいい趣味のような気がしてきました」

「うん。鉛筆と紙、あとは時間と空間だけあればできますからねえ」

「時間と空間ですか。時間は考えるための時間ですよね。空間というのは――」

「紙をある程度置ける空間です」

黒川先生はおかしそうにそう言った。

せっかく未解決問題に莫大《ばくだい》な賞金をかけても、もしかしたら数学者はそんなものに興味はないのかもしれない。問題を作り、取り組むことにはそれ以上の価値があるのではないか。

ミレニアム懸賞問題の一つ、「ポアンカレ予想」を解いたロシア人数学者、グリゴリー・ペレルマンは賞金百万ドルの受け取りを拒否した。理由は明らかにはなっていない。


日が暮れた帰り道、僕たちは不思議な満足感に浸っていた。

「何だか数学の予想の話だけではなく、黒川先生の人生観を聞いたような感じでした」

僕が言うと、袖山さんが笑った。

「最初から最後まで、数学の話をしていたはずなんですけどね」

もちろん、今ならその理由もわかる。数学と人生とは繋がっているものなのだ。

「黒川先生だけでなく、もっといろいろな数学者に会いに行ってみましょうか」

「私もちょうど、そう思ったところです」

二人して頷く。

自分の疑問を突き詰めるのが数学者なら、人の数だけ違った数学があり、魅力があるのではないだろうか？　これを新しい「二宮予想」に設定しよう。ほくろを数えるより遥かに素敵な未解決問題だ。

僕と袖山さんは、さっそく準備に取りかかった。

3 数学について勉強することは、人間について勉強すること

加藤文元《かとうふみはる》先生(東京工業大学教授)

黒川先生が「数学は鉛筆と紙だけあればできる」と言っていたが、ひそかに僕には共感するものがあった。

「小説家とちょっと似てると思うんですよ。元手がいらないところが」

従業員を雇う必要もなければ、設備もいらない商売だ。袖山さんも頷いた。

「確かに。頭の中で作り上げるものですからね」

いわばどちらもお金がかからないというところに親近感を持っていたのだ。しかしそんな思い込みは、いきなり覆《くつがえ》されることになる。

★数学者は旅に出る

「数学はお金がかかる学問です」

ピアノが趣味だという加藤文元先生は、端整なマスクでさらりとそう言った。

ここは東京工業大学、加藤先生の研究室。綺麗《きれい》に整理整頓された室内は黒川先生の部屋とは正反対の印象である。

「え？　何に、お金がかかるんでしょうか……」

僕はおそるおそる聞いた。部屋の中を見回してみても本棚に専門書が並んでいるくらいで、特に高価な機械などはないようだが。

「もちろん工学系のように実験器具を買うということはありませんが、お金がかからないわけでもない。実は、旅費にかかるんです。どこかに行くでもよし、来てもらうでもよし、いろんな人に頻繁《ひんぱん》に会うということが数学ではとても大事なんです」

実際、加藤先生は東工大数学系の教授として忙しい日々を過ごす傍《かたわ》ら、イタリア、エジプト、フランス……あちこちに出張しているようだ。

「それは、どうしてですか。一人でやる仕事ではないんですか？」

「最終的に定理を証明するとか、問題を解くといった段階では一人になります。でもたとえば解析系の問題を解こうとする時に、解析の中だけで仕事をしていてもやっぱり限界があるんですよね」

「全く別の視点が必要ということでしょうか。しかし、全く違う分野の研究者が集まって、議論ができるものですか？」

「ゼロからディスカッションをしていくんです。たとえば『俺のところで今、こういう問題があるんだよ』と。すると他分野から『そんなの簡単じゃないか。こうするだけだ』と言う人がいる。『いや、そう単純にはいかないんだ。こういう問題があってね』『じゃあこうしたら？』というように、だんだん話が進んでいく。その中で、思いもよらぬ新しい発想が生まれてくる。ある分野の問題に対して、全然違う分野からのアプローチで道が開けたという話は、しょっちゅう聞きます」

「なるほど、そうしてヒントを手に入れるわけですね」

加藤先生は頷き、続けた。

「そうして話しているうちにいい感じになったら、共同研究をしたりもしますね」

「数学で共同研究というのは、どういうことをするんでしょう。俺はこっちを証明するからお前はそっちをやれ、というような形ですか？」

互いに背中を預け合って敵と戦うような場面を想像した僕だが、どうやら少し違うらしい。

「うーん、それはだいぶ煮詰まってからです。そこまで行く前に、ひたすら議論をします。

大きな黒板やホワイトボードの前で、互いに数式を書いてみせたり消したりしながら……」

　僕は脇《わき》をちらりと見た。研究室の壁幅いっぱいに、巨大なホワイトボードがかけられている。まさにここで、作業が行われているのかもしれない。

「他にも気分転換に二人で散歩したりとか、美術館に行ったり、動物園、公園、あるいはビールを飲みに行ったり……」

「え、動物園ですか？　研究室に缶詰というわけではないんですね」

「そうですね。人によってスタイルはいろいろだと思います」

　思っていたよりもリラックスした雰囲気で研究は進むものらしい。

「数学で一番重要なことは、問題と一緒に生活することなんです」

　ふいに加藤先生が言った。

「二十四時間、ずっと問題について考え続ける場合もあるし、頭の片隅に置いておいて、信号待ちの時なんかにふっと思い出して、考え直してみたりもする。とにかくそばに置いて一緒に生活することです」

　リラックスどころではない。生活の一部のようだ。

「共同研究も、その人と共同生活をすることなんですね、問題と一緒に。食事に行く時も、旅行中も、遊びに行っても、その問題について話ができる状態にする」

頭の中で問題と一緒に生活している者同士が、さらに一緒に生活をするわけか。

「数学では『共鳴箱《きょうめいばこ》』という表現をすることがありまして。いい共鳴箱を持つことは重要なんですね」

「共鳴箱、ですか」

共鳴箱自体は音を出さない。しかしオルゴール単体では聞こえづらい演奏の音色《ねいろ》を大きく、鮮やかにすることができる。

「聞き手に向かって話すことで、自分のアイデアが育っていくことがあります。二人の共同研究でも、片方がどんどんアイデアを出して、片方はひたすら共鳴するというスタイルもあるでしょう」

「じゃあ、中には共鳴箱としての才能がすごく優れているタイプの数学者もいるんでしょうか？」

「そうですね。私自身も、たくさん共鳴箱をやっていると思います」

加藤先生はにっこりと笑う。

「作家の雑談相手になって、アイデアを引き出すのが僕の仕事」と言った編集者さんがいた。「作家の壁打ちの壁でありたいので、いつでもなんでもぶつけてくださいね」と言った編集者さんもいた。何か難問に取り組む時、人は誰かと話すことで自分の限界を越えられるのかもしれない。

共鳴箱システムは、数学に限らずいろんな分野で使われている気がした。

「そんなわけで、数学にはお金がかかり、その大半が旅費ということになるんですよ」

あちこちに出かけていき、様々な人とおしゃべりし、ビールを飲み、動物園に行く。週末はバーベキューなんかもしているかもしれない。とても社交的だ。勝手に抱いていた孤独な数学者というイメージとは、だいぶ異なる実態がそこにはあった。

中には一人きりで自分の数学を作り出せる人もいるが、それはごく限られた大天才だけだそうだ。

「では、仮に世の数学者がみんな集まる場所を作って、そこで毎日ディスカッションできる環境を整えたとしたら、数学の研究としては理想的なのでしょうか？」

「うーん、どうですかね」

加藤先生はしばらく答えを言いよどんだ。

「国際会議というものが四年に一回ありまして、それが恒常的にあれば、今よりはいいと思いますけど……」

「必ずしも理想というわけではないんでしょうか」

「そうですね。やっぱり学派ができてしまうんですよ。一つアイデアが生まれると、その中核だった人の周りで学派ができるんですが、そのアイデアを次のステップに昇華するのは、また別の学派なんです。ある程度遠くからその状況を見られる人でないと、アイデアを客観的に捉《とら》えたり、違った側面を追究したりしていくことができない。具体的な例はたくさんありまして、たとえばグロタンディックという数学者がいます」

おとといが彼の誕生日だったんですけど、と加藤先生は何気なく付け加える。

「新しい数学の空間概念を作り、いろんな意味で数学を変えた人です。彼のアイデアをたくさんの人がサポートして、大きく広げることに成功したんですね。これはフランスで起きたことです。でも、ポスト・グロタンディックとして本当に新しいことができたのは、アメリカと日本だったんですよ」

「むしろ遠く離れた国だったんですね」

「フランス人でグロタンディックをよく知る人は、その精神に固執《こしっ》してしまったと言われています。アメリカや日本からすると、もちろんグロタンディックは偉大な人だけれど、そうは言っても一番偉いのは数学だということで、新しく大胆に考えていけたんだと思うんですね。だから一点に集中してしまうと、必ずしも良いことばかりではないんです」

交流は必要とはいえ、近ければいいというものでもない。

何だか不思議な気分になる。人類がこの地球に住んでいるから、地球というのがこれだけの大きさの星だから、今日の数学の発展はあるように思えてきた。

「最近はグローバル化、グローバル化と言われてますけれど、やはりある程度のローカリゼーションはあった方がいいんです」

交流は必要。その一方で、ある程度離《はな》れていることも必要。となるとつまり。

「はい、旅費が必要なんです」

数学はお金のかかる学問なのである。

★物理に行って、生物に行って、そして数学へ

加藤先生は大学に入った当時、数学の専門家になろうとは考えてもみなかったという。

「むしろ数学科に行くと性格が悪くなるような気がして、避けてました。一種の偏見ですね。最初は物理をやろうと思っていたんです」

「そうなんですか。で、物理から数学へ……」

「あ、いえ。途中から生物の方が面白そうだ、あるいはお金になりそうだと思いまして、生物を始めました」

「物理から生物に」

おかしいぞ。数学に向かう気配がない。

「でも、あまり向いてなかったんですね。解剖や実験が嫌で……じきに、放り投げちゃった。そうなると単位は取れないし、にっちもさっちもいかなくなって、実家に帰ってしまいました」

「えっ！」

「休学して仙台の実家に帰ったんです。少し頭を冷やそうと思って。でもその間、暇《ひま》で、本当に暇で……そこで、この本を読み始めたんですよ」

本棚から取り出して見せてくれたのは、『おもしろい数学教室』という本だった。表紙を見る限りはどちらかと言えば子供向けの、数学の入門書のように見える。紙は黄ばみ、かなり年季が入っていた。

「中学生くらいの時に、じいさんが買ってくれた本なんです」

「ふと、数学に興味を持って読み始めたんでしょうか？」

「いえ、違います。ものすごく暇だったんです」

「ものすごく暇」

「本当に暇で、他に見るものがないというくらい暇だったんです」

まさかこんなものを読むことになるとは、という感覚だったようだ。

「そうしたら、ちょっと不思議な数について書いてあるんですよ。『二乗しても変わらない無限に続く数』というものです。何だこれはということで、ちょっと計算してみたんですよ。そして、どうやら自分が見たこともない数の世界があると気が付いた」

説明を聞いていて、その世界の面白さに僕も衝撃を受けた。

ぜひともここに書きたいのだが、少しだけ数式を読む必要がある。というわけで、数式を読んでもいいという方は章末のコラム（61ページ）を見ていただけないだろうか。少々実態とは異なっていても雰囲気だけ摑めればいいという方は、左記のたとえ話を読んで欲しい。

皆さんは推理小説を読むだろうか。ある部屋で殺人が起きた。現場にはこういった証拠が残されていた。犯人は一体誰なのか、推理して当てよう。そんな筋書きがお馴染《なじ》みだ。謎解きは、きちんと現実に即した論理的なものが多いと思う。犯人は実は魔法使いで容疑者を呪《のろ》い殺したとか。実は通りすがりの宇宙人が鍵を閉めて密室にしていったとか。そういうのはルール違反であって、許したらそもそも推理小説が成り立たない……はずだ。

しかし世の中には、とんでもない推理小説がある。

主人公は三回までなら殺されても生き返るとか、登場人物はみんな腕が十本あるだとか、はたまたページを一枚めくるごとに探偵が一つ年を取るだとか、めちゃくちゃな設定を勝手に付け加えているのである。なんじゃこりゃ、と感じながら読み始めることになるが、だからといって推理小説として破綻《はたん》しているとは限らない。

三回死んでも生き返る小説であれば、三回までは平然としていた人物が、四回目の危機が迫るとあせり始めるとか。回数を間違えて報告していたことが、犯人看破の証拠になるとか。

その設定を活《い》かしたまま、きちんと矛盾《むじゅん》なく推理することができ、論理的に犯人が導き出せるように作られているのである。

僕は初めてそういった作品を読んだ時、推理小説は思っていたよりもずっと自由で、いろいろなやり方ができるのだと衝撃を受けたものだ。

加藤先生が見つけた数の世界は、そんな変則的な推理小説に少し似ているかもしれない。普通に考えたらおかしいと思うようなルール違反をしながらも、その中ではきちんとつじつまが合っているという数学だったのである。

「全然違った数の世界なので、全然違った答えや形になるんですが、驚くべきことにその世界の中ではちゃんと計算できるんです。帳尻が合うんですよ。しかもこの世界の中できちんと定理があって、それが証明できるんです」

加藤先生は興味を持ち、いろいろな応用を試してみたという。高校で習うような二次方程式の解の公式を当てはめてみたり、新たに定理を考案して証明してみたりを続けた。

「ある時先輩の紹介で、東北大学の数学科にいらした小田《おだ》忠雄《ただお》先生にノートをお見せする機会があったんです。こんなものを考えたんですけど……と。そうしたら先生が、『これはp進数だ』と教えてくれた。百年くらい前に、クルト・ヘンゼルというドイツの学者が発見した概念だったんです」

　加藤先生が自己流でノートに書きつけた定理を見て、小田先生は様々な意見をくれた。

「ほとんどがまあ、ゴミみたいな定理なんですけども。中には価値のある定理もあって、紹介してくれたんです。『君が考えたこの定理は〝ヘンゼルの補題〟というもので、この本に載っている。ほら、これだ』と」

　入門書を手がかりに試行錯誤《しこうさくご》し、自分でひねり出した定理が、実は過去に偉大な数学者がたどり着いた場所だったと知る。専門書に記載された、その文を見た時の加藤先生の心境はどんなものだったか――。

　実際に「ヘンゼルの補題」を見てもらうのが手っ取り早いだろう。

　　Rが完備な付値環《ふちかん》で、付値イデアルがpの時、

　Rの上の一変数の多項式$f(x)$、$g_0(x)$、$h_0(x)$について、

$g_0(x)$ はモニックで、$g_0(x)$、$h_0(x)$ の終結式dにより
$d^{-2}(f(x)-g_0(x)h_0(x))\in pR[x]$ となれば $\exists g(x)$、$h(x)\in R[x]$、
(1) $g(x)$ はモニック、(2) $f\equiv gh$、(3) $g(x)-g_0(x)\in dpR[x]$、
$h(x)-h_0(x)\in dpR[x]$。


「全然、意味がわからなかったんです」

加藤先生がぼそりと言った。

「自分で証明した定理なのに、わからなかったんですか」

「はい。全然わかりませんでした。そもそも同じ定理であるとすら、その時は理解できませんでした」

完備な付値環。付値イデアル。モニック。終結式。宇宙語のような単語の羅列に、目がちかちかしてくる。

「だから解読から始めるわけです。『完備な付値環』なら、じゃあまず環とは何なのか勉強して。環がわかったら、次は付値環を。これがまた難しいんですね。で、次はそれが完備であるとはどういうことなのか、と……」

短い文章なのに、解読は容易ではない。

「代数学だけではなく、位相《いそう》空間論や、微分《びぶん》積分学、それ以外の関数論など、いわゆる数学の基礎にあたるものがないと、やっぱりわからないんです。だから一通り勉強しました。十ヶ月くらい過ぎた頃に、自分の定理と同じということがだいたいわかってきた、という感じでしたね」

「大変じゃなかったですか」

それがですね、と加藤先生は目を輝かせる。

「この過程は、非常にスリリングだったんです。私が自分でこの定理を作った時には、すごく苦労したんですよ。高校生レベルの知識しかありませんでしたから、数学の記号も言葉も非常に貧困なんです。その中で自分なりに新しい理論を作って、整合条件なんかも全部考えてやっていた。それでも、なかなか表現できないものってあるわけです」

加藤先生は一呼吸置いて、続けた。

「ところが現代数学というのは素晴らしい。そういうものをスパッと一言で言い当てるような、言葉や概念があるんです。たとえば、それが『完備』とかそういう言葉だった。自分がすごく苦労して表現しようとしていた概念を、バチッと言い当てることができるという、感動ですね」

理解すると同時に、いかにこの「ヘンゼルの補題」が明快で美しいものか、加藤先生は知ったのだ。己が苦労した分だけ、その感動は大きかったという。快刀乱麻《かいとうらんま》を断つような現代数学の威力に加藤先生は惹《ひ》かれ、数学科を目指すことに決めた。

「生物から数学に行くために二年留年したので、二年間遅れてしまったわけですよ。それがハンディキャップになるんじゃないかとは、多少は思いました。でも、行けるところまで行ってみようという気持ちでした。それくらい強く数学をやりたいと思っていましたし、それくらい数学に魅力を感じたんです」

実家で数学の本を手に取ってから、ヘンゼルの補題を理解するまで。加藤先生は、どっぷり「問題と一緒に生活」し、それにやみつきになってしまったのだ。

★地図を片手に楽しむ数学

なんとなく数学には閉じたイメージがあった。

お金をかけず、一人で頭の中だけで考えて、退屈な数式とにらめっこをする。孤独で、排他的《はいたてき》で、人を選ぶもの。だが、そうではなかったらしい。

数学者は世界中を旅して、たくさんの人に出会い、たくさんの考え方に触れる。そして加藤先生がふとしたきっかけでのめり込んでしまったように、数式の中には驚くような世界も潜んでいる。

「数学って、楽しみ方が無尽蔵《むじんぞう》にある学問なんですよ。問題を見つけて解くだけじゃないんです」

加藤先生はあごを軽く撫でながら言う。

「数学史の中にも、いろいろなハードクエスチョンがある。たとえば定理があり、それを証明していくという技法がありますね。これは実は、ギリシャでしか起こっていないんです。なぜ、インドやアラビアの数学はまた別で、速い計算方法を開発する方向に発達しています。なぜ、そうなったのか。なぜ、今はギリシャのやり方が主流なのか。こういったことは調べる価値があるし、面白いと思うんですよね」

数学するとはどういうことなのか。それは人とは何なのか、という話に行き着いてしまう。なぜ十進法が発達したのか。おそらく人間の指が十本であったことと無関係ではないだろう。

なぜ人間は物を数えたのか。おそらく、分配や交換をする必要があったこと、すなわち人間が群れで生きる動物であったことと無関係ではないだろう。

「数学について勉強することは、人間について勉強することだと思います。数学というのは、実に人間的な、人間臭いものなんですよ」

ふと、研究室のホワイトボードの端っこに、一見数学科には似つかわしくないものが貼り付けられていることに気が付いた。

「これは、地図ですか？」

「パリの古地図です。先日、ガロアという数学者の本を書きまして、そのためにガロアについてたくさん調べたんですね。当時の地図を買って、彼が歩いたであろう街を歩いたんですよ」

加藤先生はマグネットを外し、百八十年ほど前の地図を、テーブルに広げて見せてくれた。青いインクは多少ぼやけてはいるが、ちゃんと読める。

「ほら、これが城壁です。ガロアが政治活動をして、収監されたサント・ペラジー刑務所はここですね。それから見ての通り、こちらのセーヌ川の対岸あたりには全然建物がありません……きっと、すごく牧歌的な光景だったでしょう。今はもうたくさんの建物が建っていますが。私が思うに、ガロアがピストルで決闘したのはこのあたりじゃないかと。そして負傷し、二十歳の若さで命を落とすことになりました」

地図と一緒に説明されると、教科書の中にいた偉大な数学者が、生まれる場所と時間が少し違っただけの知人のように思えてくる。

「実際に歩いてみると、面白いですよ。このあたりはちょっと低くなっているんだなとか、決闘するならこっちの方がいいなとか、いろいろ考えますからね。それから思うんです、あ、俺は今数学を楽しんでいるな、と……こういう楽しみ方もあるんですよ」

加藤先生は笑った。

閉じたイメージなんてとんでもない。

むしろ数学を通して、大昔の数学者が挑《いど》んだ決闘に思いを馳《は》せることもできるし、一人では扱いきれない概念を、世界中の人とディスカッションすることもできる。

数学は、言語も国も時間すらをも飛び越えて人間と人間を繋ぐ、世界へ開いた扉でもあるのだ。

補足コラム

加藤先生の出くわした不思議な数の世界について、先生のご著書から数式を一部借用しつつ、少しだけ覗《のぞ》いてみよう。厳密には先生が読んだ「二乗しても変わらない無限に続く数」とは違うのだが、雰囲気はこんな感じとして捉えてもらえたらと思う。

等比級数の和の公式というものがある。こんな式だ。

初項をａ、公比をｒとする時、

$$a+ar+ar^2+ar^3+\cdots=\frac{a}{1-r}$$

ａに１を代入すると、

$$1+r+r^2+r^3+\cdots=\frac{1}{1-r}$$

この公式はｒの絶対値が１未満の時に成立するのだが、ここであえてｒに10を代入してしまう。いわばルール違反なのだが、とりあえずそのまま続けてみる。

$$1+10+100+1000+\cdots=-\frac{1}{9}$$

となると、この左辺は無限に桁《けた》が続く数になってしまう。０・１１１１１……と小数点以下に無限に続く数はあるが、そうではなく……１１１１１と無限に続く数が出てきてしまうのだ。これがどんなにおかしいかと言えば、両辺を９倍してしまえばより明らかだ。

$$\cdots 99999999=-1$$

反則から始まった数いじりだから、当然ただの大間違いにしか見えない。こんなものを考えることに意味なんてないのかもしれない。だが実はすでに、加藤先生の言う「見たこともない数の世界」に入り込んでしまっているのだ。

何か計算をしてみよう。たとえばこの式の右辺がマイナス1というからには、左辺も1を足して0にならなくてはならない。これを普通に筆算してみる。

$$\begin{array}{r} \cdots 999999999 \\ +\qquad\quad 1 \\ \hline \cdots 000000000 \end{array} = 0$$

すると、繰り上がりは無限に続くので、結局のところ0になる。なんと、式はちゃんと合っているのだ。

今度はまた別の計算をしてみる。マイナス1はマイナス1と掛け合わせると1になる。つまり左辺も自分同士を掛け合わせると1になるべきだが、どうだろうか。

```
  •••99999999999999999999999999999
×•••99999999999999999999999999999
─────────────────────────────────
  •••99999999999999999999999999991
  •••9999999999999999999999999991
  •••999999999999999999999999991
  •••99999999999999999999999991
+•••••••••••••••••••••••••••••
─────────────────────────────────
  •••••••••••••••••••••••••••••0001=1
```

きちんと1になってしまう。この世界の中でなら、ちゃんと帳尻が合うようにできているのだ。

参考文献：加藤文元著『数学する精神　正しさの創造、美しさの発見』（中公新書）、加藤文元・中井保行共著『天に向かって続く数』（日本評論社）

4 芸術に近いかもしれない

千葉逸人《ちばはやと》先生(取材当時・九州大学准教授。現・東北大学教授)

僕たちは九州大学にやってきている。

「単位を落として留年が確定した方へ。いかなる温情措置、追加措置も行っておりません。**この部屋をノックすると爆発します。**」

研究室のドアにこんな張り紙をしてしまうのが、千葉逸人先生である。ぐりんとした目力のある瞳にへの字の口、細身の体にTシャツとジーンズをまとった千葉先生は、現役の大学生と言っても通用しそうな若々しい外見だ。

「堅苦しいのはちょっと苦手で。そういう性格なんです」

だが、彼の暴挙はそれだけではない。

提出期限が過ぎればレポート提出BOXをビール提出BOXにしてしまい、以後はビールの提出しか受け付けないとのたまったり、「GW明けの月曜一限とかありえないため」授業を休講したり、やりたい放題。堅苦しいのが苦手としても、ほどがあるのではないか。

「本棚のほとんどが、ビール瓶《びん》じゃないですか！」

僕は研究室の中を見回して言った。数学関連の書籍もあるが、全体の半分未満である。

千葉先生は特にまずいものを見られたという様子もなく、ゆっくりと立ち上がると棚のガラス扉を開いた。

「ビール瓶のコレクションです。ラベルが好きなやつ、海外のレアもので二度と手に入らないようなやつなんかを飾ってます。たとえばこれはスコットランドのビールで、醸造後にウイスキーの樽で寝かせたものなんですよ。30って書いてあるでしょ。三十年物のウイスキーの樽《たる》を使っていて、スモーキーさやアロマ感がビールに移るわけ。こっちはシェリーカスクって言って、シェリーの樽で寝かせていて……」

ただの酒好きの困った人にも思えてくるが、もちろんそれだけで大学の先生になることはできない。

「こちらは？」

「これは、文部科学大臣表彰をもらった時のトロフィーとメダル。これはなんかよくわからないけど、アジア数学者会議で講演の機会があったので、しゃべったらもらえた。うん」

きらきらと虹色に光るメダルや、銀色の円盤《えんばん》をいじりながらさらっと言ってのける。そう、千葉先生は三十五歳にして輝かしい業績を挙げている、若手数学者のホープなのである。

しかし文部科学大臣とアジアを、酒瓶と同列に並べてしまっていいのだろうか。

★大学生向けの教科書を書く大学生

『これならわかる　工学部で学ぶ数学』という本がある。主に大学で学ぶ応用数学についてまとめられた教科書で、そのわかりやすさ、簡潔さから、なかなかの名著とされている。

「はい、僕が学部三回生の時に書いたんですけどね」

この著者こそが千葉先生。それも書いたのは大学生の時だという。

『ベクトル解析からの幾何学入門』という本がある。高校数学レベルから幾何学を学んでいくための本で、やはり評判は良く、この分野の入門書としてこれ以上の良書はないとまで言う人もいる。

「これは僕が学部四回生の時に書いた本ですね。出版されたのは院の一年目ですが」

先生になってから本を書くのはわかるが、学生のうちから書いてしまうというのはちょっと想像がつかない。

「まだ学ぶ側でありながら、人に教えられるくらいのところに達してしまったということですよね。やっぱり、昔から飲み込みが早かったんでしょうか」

難しい数学問題をバリバリ解く、大人顔負けの神童だった……そんな答えが返ってくると思いきや、千葉先生は首を横に振って否定した。

「いや、そうでもないです。昔から考えるのは好きだったけど、それくらいかな」

「どんなことを考えていたんですか。小学生の頃とか」

「まあ別に、何も。うんこのこととか」

「なるほど、うんこですか」

僕と大差なし、とノートにメモする。

「まあ勉強するのは好きでしたけど、普通の久留米の公立高校でしたし、別にクラスで一番でもないし。浪人もしてるし。高校まではほんと毎日つまらなかったな。自分の個性が何か、わからなくて。飛び抜けてできるものもなかったし、友達もそんなにいなかったし……」

「えっ、そうなんですか」

「大学で工学部に入ったのも、宇宙の図鑑とかを眺めるのが好きだったからで。宇宙関係の仕事ができたらいいなと思って、工学部の物理工学科というところに入ったんです。その頃は数学者という職業の存在を知りませんでした。というか、数学者という単語も知らなかった」

「じゃあ、どうしてこんな本が書けたんでしょうか」

「まあ、もちろん本を書くくらいだから僕はずば抜けてるんですけどね。自分で言うのもなんですけど。それはたぶん、才能というよりも圧倒的に人より勉強時間が長かったからです」

千葉先生は自分を褒《ほ》める時も、けなす時も、嫌みがなく率直だ。だから当時は本当に誰よりも勉強したのだろうし、子供の頃は本当にうんこのことを考えていたのだろう。

「長いというと、どれくらい？」

「ずーっとしていました。勉強、楽しかったので。寝てる時も夢の中で数学していましたし、バイトやサークル活動中にも時間を見つけてはやってましたね。ほんとに、ずーっとです」

あまりにも長いこと椅子に座って勉強していたので、ジーンズのお尻がすり切れるほどだったそうだ。

千葉先生が在籍していたのは工学部だったが、数学専攻の授業を受けることもできた。そこで試しに学び始めてからというもの、どんどん数学の世界にのめり込んでいったのだという。

「もともと本を書くつもりなんて全くなくて、書いてたのはホームページだったんです。ちょうどインターネットが普及し始めた頃だったので、せっかくだから自分が勉強したことをまとめてアップしてみようというのがスタート。自己満足だったんですね。でもアップする以上は誰かに見られるわけなので、この方がわかりやすいんじゃないか、読みやすいんじゃないか、と構成は工夫していました」

「それは、自分も勉強しながらですよね」

「そう。だから自分も誰かの本を読みながら、書いていく。本を参考にはしますが、でも証明や例題、全体的な構成、説明の順番なんかは自分なりに作り直すわけです。これはすごく力になる」

今では学生に、似たようなことを推奨しているほどだそうだ。

「いろんな本を手当たり次第に読むのも、それはそれでいいこと。でもたとえば大学一年生の微分積分の教科書、定評のあるやつを全部自分で再構築してみろと。一年生で終える内容を四年かけてやってもいいから、何も見ないで自分でノートに再構築する。順番や道筋も本の通りである必要はなくて、自分なりに一番わかりやすい、美しいと思うやり方でいい」

「そういう勉強が本当の数学の勉強、なんでしょうか。どうも数学というと、解き方を覚えて使いこなせるようにしていく、というイメージがあるんですが」

「うーん、少なくとも証明や公式を暗記するとかってことはほとんどないですね。それらは自分で頭の中で作るものなんで」

人に教えられるようになって、初めて自分の血肉になるとも言う。千葉先生の理解力が優れていたから本が書けたのか、それとも本を書いたから深い理解を手にしたのか、どちらかわからなくなってくる。

「数学って、わかってしまうとめっちゃ簡単なんですよ。どんなに難しい定理でも、たとえばこんな分厚い本でも」

千葉先生は棚から辞書みたいなサイズの洋書を取り出した。

「全部読んで全部理解するには一年くらいかかると思うんだけど、僕の頭の中には非常にシンプルに入っていて。いつでも、何も見なくても、全部再構築できます。完全に理解してしまうとめちゃくちゃ簡単なんです」

本当に理解するとはそういうことなのかもしれない。数学に限らず、僕たちは普段どれくらい〝何か〟を理解しているだろうか。

★パンのいろんな使い道

「数学の研究というのも、そういう『本当に理解する』ことの積み重ねになるんでしょうか？」

「研究になると新しいものを生み出さなきゃいけないので、勉強とはちょっと違ってきます。過去の研究や昔の人が作った定理を元に、まだ誰も考えていない、新しいことをやろうとするわけです。でも、やろうとすればすぐできるような、単純なものじゃない。というか、すぐにできるんだったら昔の人がすでにやっているわけで。だからただ理解するだけでなく、頭の中で理解したことを自分流に解釈して、自分の見方で捉え直す、再構築するということがないといけない。そこから、他人が思いつかない応用が出てくる」

〝再構築〟までは先ほどの本を書く作業に似ているが、今度はだいぶレベルが上がった。何しろそこから新しいものを生み出すというのである。

「同じ定理を見たとしても、人によっていろんな物の見方があるので、そこからそれぞれ違う方向に考えを発展させていくわけです」

「そんなにいろいろ、考え方があるものなんですか」

「あります。ある公式を見て、たとえば整数論を研究している人だったら、これは整数の間の関係式だと捉えるかもしれないし、僕だったら微分方程式のこんな問題に使えるんじゃないか、とか。それぞれ自分の得意分野、専門分野があって、やっぱりそっちに話を持っていきたいんですよね」

「じゃあ、同じパンを見ても、料理人だったらレシピに入れようと思うけれど、絵描きだったら消しゴムとして使おう、動物園の職員だったら鳥の餌《えさ》に使おうとか、そんな感じですか。そうしていろいろな視点にさらされる中で新しいパンができて、パンの世界が発展していく」

千葉先生は「だいたいそんな感じ」と頷いてくれた。

「もしかして〝いろんな人〟や〝いろんな自分流〟がないと数学は発展していけないんでしょうか」

「そうなんですよ」

千葉先生はあごひげをいじりながら言った。

なるほど。僕は、千葉先生が研究室にビールを箱買いし、ツイッターで時折《ときおり》うんこのことを呟いている理由がわかった気がした。

こういう人も必要なのだ。

型にはまったやり方を押しつけても、数学はやっていけない。自分らしく自由であることを、数学は人類に望んでいるのである。

★数学者同士はとっても仲良し！

「僕、目上の教授とかにも全然タメ語で話すんですよ。よく奥さんに怒られるんですけれど」

実際、千葉先生は僕と話しながら、かなり意識的に敬語を使っているように思えた。今はまだコーヒーだが、酒が入ればすぐにタメ語になりそうだ。

「『あんな失礼な言い方して』とか言われてしまうんですけど。でも相手も数学者だから、似たような一面はあるので、全然平気なんです。大学にもよると思いますけど、僕の周りの数学者は、みんなめっちゃ仲がいい、フレンドリーで」

「それは、どうしてなんですか」

「やっぱり数学者同士、お互いにお互いの数学を尊敬しているからです。年齢、職階に関係なく。『こっちの先生の方が数学上偉い』とかはほぼないし。一人一人違うテーマ、違う問題をやっていて、解釈も違う。もちろん年配の教授の方が過去の蓄積がたくさんあるけど、単発で見れば若いこの先生の仕事がものすげえとか。まあ僕の業績、『蔵本《くらもと》予想』を解いたことなんかもそう。自分で言うのもなんだけど」

「蔵本予想」とは、物理学者の蔵本由紀《よしき》先生が提唱したもので、三十年以上誰も解けずにいた難問だという。

「ある意味では対等なんですね」

ふと、ファゴット奏者にインタビューした時のことを思い出した。その時も相手は、他のファゴット奏者に嫉妬《しっと》することはないと言っていた。なぜなら同じファゴットという楽器を使っていても、全然別の音楽をやっているから。自分だけの音楽を持っているから。

「うん。嫉妬とか、ライバル心とか、上下関係とか、そういうの全くないっす。大学院生でも、ドクターくらいなら自分のオリジナルの問題を持っていて。その分野、ピンポイントに関しては、指導教官よりもその学生の方が知っているわけです。それくらいでないと博士号は取れない。だから僕らは、彼らのことを研究者だと見なしているし、そういう付き合いをする」

「すごく特殊な業界じゃないですか？」

「芸術に近いかもしれない。オリジナリティというか、『個性が全て』になっちゃうんですよ。だからあるところから先は教えられなくなる。僕が教えられることを学生がやっても、それは新しい業績にはならないし、新しい研究にはならないから。だから教えられないんです」

己の道を行くしかないというわけだ。

「実験系の学科では多人数で実験をしなくちゃいけないし、教授が研究費を取ってこなきゃいけないとかってことがあるので、どうしてもピラミッド構造になる。ライバルがいるかもしれないし、一番最初に誰が見つけるかの競争になることもある。特許とかお金に関することは、一日でも早い方に持っていかれちゃいますからね」

「どっちが先に見つけたか、どっちが先に発明したかっていうのは、よく議論になってますよね」

「数学は全くそういうことがないんです。たまたまAさんとBさんが同じ定理を同じ時期に見つけても、喧嘩《けんか》にならない。一年くらい時期に差があっても『AさんBさんの定理』のように名前がついたり」

「それはやはり、それぞれの研究者の数学が、それぞれの解釈を持っているからですか」

「そうなんです。その定理にたどり着いたお互いの数学に価値があるんです。山にたとえれば、山頂に到着したという結果は同じでも、登山ルートが全く違う。さらに、ロープを使った人もいればスキーを使った人もいる。そしてどちらの方法も素晴らしいと、お互いに認め合っている」

僕は思った。そんな領域で数学ができたら、いや数学でなくてもいい、何かができたら……。

「千葉先生、すごく幸せじゃないですか?」

「幸せです」

満面の笑みでの即答だった。

「もう、毎日が楽しくて、楽しくて。アメリカのある雑誌のアンケートによると、数学者はストレスの溜まらない職業ナンバーワンだそうですよ」

眉間《みけん》に皺《しわ》を寄せて考え続け、周囲に理解されずに非業《ひごう》の死を迎える。フィクションにはそういう数学者も出てくるが、そんな人ばかりでもないようだ。

★味噌汁も数学だ

「数学ってずいぶん柔らかいというか、融通の利くものなんですね」

　僕は溜息をついた。

　何しろ小学校の算数からこの方、順番通りに式を書かなければならないとか、この公式を覚えてこう解けとか、数学と言えばそういうものだった。決まりを覚え、決まりに従う。個性とは無縁のものだと思い込んでいたのだ。

　でも、いいのだ。xの代わりに♂を使おうが、♂+♀=♪（♂および♀=両想いの場合）とかわけのわからない方程式を書こうが、これが俺の数学の解釈だ、と言い張ってもよかったのだ。自分の個性が大切なのだから。

　千葉先生は頷いた。

「そう、数学嫌いの理由として、答えががっちり決まっているのが嫌という人がいるじゃないですか。それはね、数学じゃなくて受験数学なんですよ」

「全く別物なんですね」

「そう、本当は数学ってものすごく自由なんです」

「どれくらい自由なんですか？」

千葉先生は真顔で答えた。

「もう、何だって数学なんですよ」

自由すぎる。

「たとえばプロシアのケーニヒスベルクという街に、川が流れていました。こんな風に真ん中に島があり、合計で七本の橋がかかっています。この街を観光するにあたって、効率よく回りたい。つまり同じ橋を二回渡らず、どの橋も一回ずつ渡って最初の地点に戻ってきたい。果たしてそれは可能か、という問題を考えてみます（80ページ図①）」

さっさっと千葉先生はホワイトボードに図を描いていく。

「どうやってこれを解くか。オイラーという数学者の有名な定理があります。土地を点で描いて、橋を線として点と点を結ぶ。こういう風に抽象的な構造だけ取り出すんですね（80ページ図②）」

「そして点と線だけで構成された図形がバンと与えられた時に、一筆書き《ひとふでが》ができますか、という問題にオイラーは帰着させたんです（81ページ図③）。街と観光客の問題から」

「そうか、数学になっちゃうんですね、これ。図形の問題になるんだ」

「はい、グラフ理論という数学の分野に発展していくことになりました」

「もうこれ、何に問題意識を持つのか、みたいな話になってませんか。たとえば『小説幻冬』を最も効率的に売るにはどれくらいの頻度で新連載を迎えればいいか、とか」

図①

↓

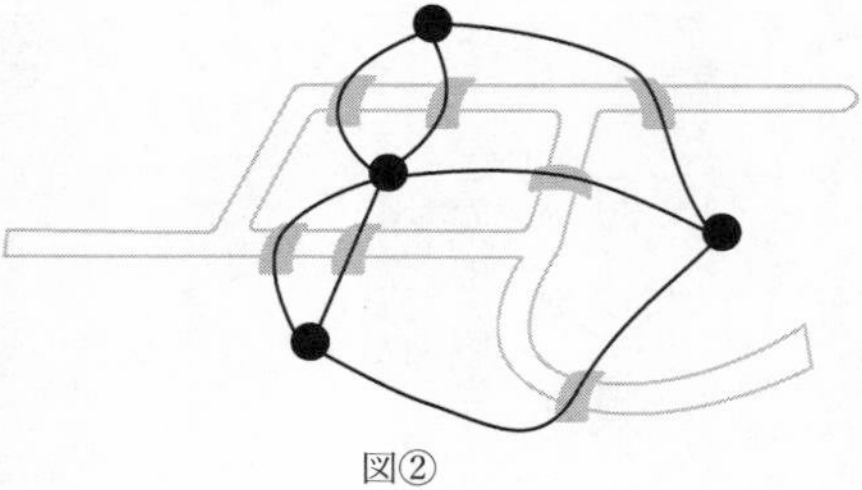
図②

「数学の問題になりますね」

「ページ数はいくつの倍数がいいかとか」

「数学の問題になりますね」

オイラーが「土地と橋」を「点と線」にまで落とし込んだように、問題に落とし込むまでにはいろんな工夫がいるだろう。だがその始まりは素朴な疑問でよいのだ。

「だから本当に、何だって数学の問題になっちゃうんです。僕もたとえば味噌汁《みそしる》を見て、あの味噌のもやもやっとした動きが面白いなとか、要するに流体の運動なんですけど。ああいうのも数学の研究テーマとして面白い、難しいけど。水と味噌の二成分があって……」

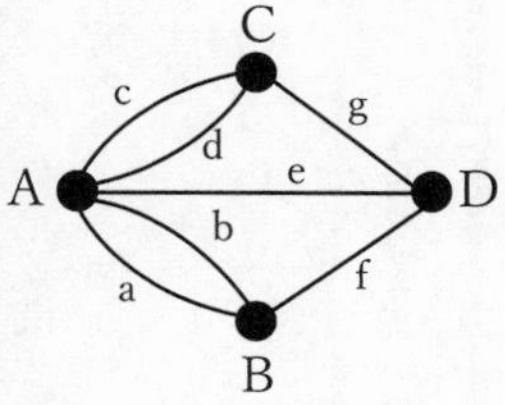

図③

何が気になり、何に疑問を持つのかは人それぞれに異なる。つまり人の数だけ数学の問題はある。千葉先生が「個性が全て」と言ったわけが、だんだんわかってきた。

「じゃあ数式とか、そういうのを考える以前に数学はあるんですね。なぜ？　と思った瞬間から、もう数学というか」

「そうです。数式は音楽家が使う音符と同じものであって。誰かに伝える時に音符があると便利だけど、でも音符を読めなくても音楽は楽しめるじゃないですか。本質は楽譜じゃなくて、奏でることにある。数学イコール数式というのは、全然違うんですよ。数学を味わうのに、必ずしも数字や数式は必要ではない」

どうやら数学と聞いて即座にややこしい数式を思い浮かべてしまう時点で、受験数学に毒されてしまっているらしい。

どういうことなんだろう、どうしたら説明できるんだろう。そう考え始めた時点で、僕たちは数学をしているのだ。

★暇ならお皿洗ってよ
「千葉先生は普段、どんな風に研究をしているんですか」

そう聞くと、千葉先生は椅子に座り、呆《ほう》けたような表情で天井《てんじょう》のあたりを見つめ始めた。

「こんな風に研究室でぼーっとしてます」

　仕事をサボっているようにしか見えない。しばらく無言で待っていたが何も起こらないので、僕は聞いてみた。

「計算とかは、いつするんですか」

「数式をこねくり回すのは、だいたい後半だと思います。研究の前半、あるいは芽生えの段階ではなんとなく妄想《もうそう》を膨《ふく》らませて。とりとめもなく考えて、ぼけーっと。だから家では奥さんに『暇ならお皿洗って』と言われるの、よくある話です。今、数学しているんだよって」

「じゃあ、かなりの時間をぼーっとするんですか」

「ええ、ぼーっと考えて。ふとこのアイデアいけるかも、と思ったら紙に起こして計算してみて。だいたい一発ではうまくいかないから、ダメだ、となってまたぼーっとして。いけるかも、ダメだ、これを数日から数ヶ月のスパンで繰り返して。そのうちに煮詰まっていって、徐々に答えに近づいていくような感じですね」

「じゃあ、解けるまでには数年単位の時間が……」

「問題のレベルにもよるんですけれど、こないだ僕が解いた蔵本予想という問題の場合は三年くらい時間をかけたかな。でも、解けたこと自体はそんなに重要じゃないんですよ。周りもそこは見ていない、プロだったら。それよりも解くために僕が新しく作った理論の方が重要で、これが別の数学に役に立つ。そこが評価されるんです」

先ほどの山登りで言う登山ルートの話だ。いかに登ったかが評価されるのである。

「時間内に正しい答えを出す受験数学とは全く別物ですね」

「受験数学だと短時間で閃《ひらめ》く力や計算力が必要ですが、研究には制限時間がないので。計算力がなくても、チェックする時間は十分にある。だから別に途中で計算ミスしてもいい。正しいルートを、この道で行けそうだというのを見抜く数学的センスの方が大事。これ、僕は美的感覚の一種だと思ってるんですけど……」

「美しい登山ルートと、そうでもないルートがあるんですね」

「そう。美しい登山ルートを探すために、すでに解けた問題を別の方法で解くことなんかもありますよ」

千葉先生は頷き、先ほどのホワイトボードの前に立った。

「さっきのケーニヒスベルクの橋の問題は、オイラーが非常に美しい解答を得たんです」

七本の橋がある街を、同じ橋を二度渡ることなく全部の橋を渡って観光できるか、という一筆書きの問題だった。

「結論を言うと、これ絶対に無理なんです。オイラーがどのように証明したかというとですね……」

「ここから結構難しい話が始まりますかね」

「いえ、簡単です。一筆書きをするとなると、一つの点に対して少なくとも一回は入って、一回は出ないとならないですよね」

きゅっきゅっと音を立て、千葉先生は一つの点に入る矢印と、出ていく矢印を一つずつ書いた。

「つまり、入る動作と出る動作が必ず一つずつ、ペアになる」

入らないとその点に入れないし、出ないと次の点に行けない。考えてみれば当たり前だ。

「ということは一つの点に対して、二本の線、二の倍数の線が必要なんです。二の倍数、偶数の数の橋がいる」

しばらく考えて僕は頷く。空でも飛べない限り、そうなる。

「橋の数が奇数、たとえば三本だとしましょう。三本の線の場合、入って出ると一本余っちゃいますよね。だから一筆書きはうまくいかないんですよ。どこかの橋をもう一度渡るしかない。ケーニヒスベルクは、全部の点から奇数の線が出ている。だから一筆書きは無理なんです。以上」

証明終了。

「こんな風に、素人にでもパッとわかる説明ができる。これが美しい証明であり、本当に理解したということなんです」

一つの数式も出てこなかったし、難しい記号一つ書かれなかった。どこか静謐《せいひつ》な余韻《よいん》だけが室内には漂っていた。

「これが、僕らが求めているものなんです」

千葉先生はマーカーペンをことんと置いた。

★美しい数学、美しい妻

「ところで千葉先生って苦手科目はあるんですか？」

「古典なんかはすっごく点数悪かったですね。テストで赤点取ってましたから」

「古典？　それはまたどうして」

「興味なかったからですね。たぶんちゃんと勉強したら、できると思うんですけど」

千葉先生は興味がないことはやらないのだ。僕は少し考えてから、さらに聞いた。

「数学が苦手だったり、好きになれなかったりする人もいると思うんですけど、そんな人が数学をやるためにはどんなことをしたらいいでしょう」

千葉先生は困ったように笑った。

「いや、好きじゃないなら無理にやらなくていいんじゃないかな」

なるほど仰《おっしゃ》る通りである。勉強はやるべきもの、やらざるを得ないものと考えている時点で、僕の頭はカチンカチンに固まっているようだ。僕が考えている数学と、千葉先生が扱っている数学と、何かが嚙《か》み合わない。

「僕は仕事だから数学をしているわけじゃなくて、好きだからしてるんですよ。そこにたまたまお給料が発生していますけれど」

好きだから。そう、好きだから。その距離感を何か他の感覚で理解できないものだろうか。ヒントをくれたのは、袖山さんだった。

取材が終わった後、僕たちは海のそばの居酒屋で飲んだ。ビールを飲み、イカの活《い》き作りをつついているうちにだいぶ酔いも回り、会話はどんどんざっくばらんなものになっていく。ふと千葉先生が席を立った時、袖山さんがこんな話をした。

「数学者って、時々数学について『美しい』って表現を使うじゃないですか。それってすごく、素敵だと思うんです」

目をきらきら輝かせている。

「どういうことですか？」

「日常生活で『美しい』ってあまり使わないですよね。二宮さん、使いますか」

首を横に振る。

「それだけ特別なんだと思うんですよ。あ、千葉先生」

そこで千葉先生が席に戻ってきた。「ちょっと聞きたいことがあるんです」と袖山さんはビールを注ぎながら切り出す。

「数学者って、数学に対して『美しい』という表現を使いますよね」

「ああ、はい。はい」

顔には出ていなかったが、だいぶお酒の入った千葉先生は頷く。

「それって特別な表現だな、という話をしていて。千葉先生の場合は、数学以外にはどんなものに『美しい』という表現を使いますか？」

しばらく考えてから、千葉先生は真顔で答えてくれた。

「妻ですね。うん、数学と、妻だけですね。『美しい』は……うん」

何だかそれって素敵ですね！　と袖山さんは笑う。

僕の中でも何かがひもとけた気がした。

ただ好きだから向かい合うもの。美しいもの。そんな存在と一緒に人生を送っていけることは、確かに幸福に違いない。

在野の探究者たち

5 日常と数学、二つの世界

堀口智之《ほりぐちともゆき》先生(数学教室講師)

「それにしても、大人になってから聞く数学の話ってどれも面白いですね」

「本当に！　学生の時の数学とは、別の学問なんじゃないかって思います」

僕と袖山さんは幻冬舎の会議室で盛り上がっていた。

「なんだかもう一度、数学を勉強し直したくなってきました」

素直な気持ちで言ったのだが、袖山さんは同意してくれなかった。

「いやあ、私はちょっと無理かなあ……」

実は袖山さんは数式を見るだけで蕁麻疹《じんましん》が出るほど、数学が苦手だという。

「全然わからないんですよね、数学」

「何がわからないんですか？」

「何がわからないかもわからないくらい、わからないんです。むしろ数学ができる人って、どうしてあれができるんですか？」

　確かに。

「たとえば、運動が得意な人って明らかに体がシュッとしてたり、筋肉むきむきだったりしますよね。でも数学が得意な人って、私たちと何が違うんでしょうか」

「そうですよね。見た目は同じなのに……なんというか」

　違う星の生き物なんじゃないだろうか。

　この謎《なぞ》を解くには数学者の先生に聞いても難しそうである。僕たちがなぜわからないのかわからないように、向こうもなぜわからないのかわからない、となりかねない。

「では次の取材先は、ここにしませんか」

　僕が提案したのは「大人のための数学教室　和《なごみ》」だった。

「大学の先生ではなく、数学教室の先生ですか」

　不思議そうに首を傾げる袖山さん。

「研究のプロではなく、教えるプロの話を聞いた方が、ヒントになるかもしれません。より数学と、数学者のことを理解するヒントが」

　なるほど、と頷く袖山さん。

「それに今、大人になってから数学を学び直したいという人が増えているそうです。この数学教室もなかなか盛況だとか。ね、ちょっと気になりませんか」

「でも一応『世にも美しき数学者たちの日常』と銘打《めいう》っていますからね……編集長の有馬が何て言うか」

「じゃあ、有馬さんにはこう伝えてください。このタイトルの『数学者』は『数』『学者』ではないんです。『数学』『者』なんです。学者のみならず、数学に関わっている者たちのお話ということで、ご納得いただけませんかと」

「そんな理屈が通りますかね。一応、言ってみますけど」

すんなり、通った。

編集長の懐の深さに感謝しつつ、僕たちは取材に出かけたのであった。

★とりあえず「触って」みる
「一つは、問題への取り組み方が違うんですよ」

「大人のための数学教室　和《なごみ》」を運営する堀口智之さんが、数学が得意な人と不得意な人との違いについて教えてくれた。

「普通の人は問題の解法を学んで暗記して、その通りに解いていくわけです。でも得意な人はそういった解き方はしない」

個別指導を主体とした数学教室、細かく分けられたブースの一つで、僕たちと堀口さんは向かい合う。堀口さんは優しい青年先生といった感じで、眼鏡《めがね》の奥でにこにこと笑いながら質問に答えてくれた。

「どうやって解くんですか？」

「えっとね、たとえば適当に数字を放り込んでみたりする」

まるで買い物かごに野菜を突っ込むような言い方。だが適当と言っても、何も考えないわけではないという。

「複雑な数式の問題が出てきたとしましょう。xとかyとかがずらっと並んでいて、ややこしいもの。数学が苦手な人は見るだけで混乱して、どこから手をつけていいかわからなくなっちゃう」

横で袖山さんがうんうんと頷いた。

「そんな時、得意な人は単純な方向に考えていきます。試しに数字を数式に放り込んでみる。適当にxに10を入れてみるとか。すると計算結果が出る。なるほどとなって、じゃあ次はもう少し大きな数字を入れてみる。１００とか」

「とりあえず、触《さわ》っていくんですね」

「そうそう、なんか試していく、試しにやっていくんです。他にもこの数式は長いので三つくらいのパーツに分けてみようとか。その一つ目をまずは考えてみようとか。あるいは$\frac{\sqrt{3}}{2}+1$という、わけのわからない数字が出てきた。ややこしいけどだいたい2くらいだろうから、とりあえず2ということにして考えちゃおうとか。いろいろやり方はありますけどね」

はっ、はっ、はと、堀口さんのゆったりとした笑いが室内に響く。僕と袖山さんは顔を見合わせた。

ずいぶん荒っぽいやり方ではないか。もっと抽象的な発想が行き交い、天才的な閃《ひらめ》きが頭の中で繰り広げられていると思っていたのに。

堀口さんは粘土をこねるような真似をして続ける。

「いじってみて観察するんです。そうしているうちに、数式がどういう振る舞いをするものなのか、だんだんわかってくる。たとえば二次関数は、グラフにするとこういう形になりますよね」

教室に掲げられているホワイトボードに、堀口さんはローマ字の「U」状の形をさっと書いた。

「上に凸とか下に凸とかありますけれど、一般的に二次関数は全部この形で、あとは平行移動するだけなんですよね。こういうのも、振る舞いなんです」

「そうか。複雑に見える数式にも、共通の癖《くせ》みたいなものがあるんですね」

「はい、そういうことを摑《つか》んでいくと、難しく考えなくてもだいたいこんな感じかな、と感覚で問題が解けるようになっていきます。数学が得意な人は、こういうことを日頃からやっているわけなんですね」

振る舞い、観察。まるで動物のお世話でもするような、あるいは料理の塩加減をみるようなニュアンスで堀口さんは言った。

「たとえば、30×30、31×29、32×28……こんな風なかけ算がいくつかあったとしますね。答えが一番大きいのはどれだかわかりますか。実は30×30です。他は全部、それ以下になるんですよ」

「えっ、そうなんですか」

慌てて頭の中で暗算し始める僕。

30×30は、900。31×29は、899。32×28は、896……。本当だ。30×30が一番大きい。

「こういうのも感覚なんですよ。普段から馴染《なじ》んでいるとパッとわかりますが、そうでない人にはわからない。赤ちゃんは初めは闇雲《やみくも》に手を動かしています。だからコップを倒してしまったり、加減ができないわけです。でも何度も何度も動かしてみるうちに、コップを押すと動くとか、これくらい力を入れて押すと倒れてしまうとか、そういったことを学習します。やがて適切に手を動かせるようになっていく。それと同じことなんです」

「どこまでその感覚があるか、という話なんですね」

「はい。これまでに二宮さんが取材されてきた黒川先生や、加藤先生、千葉先生。おそらくそういった方々は、己の専門分野について誰よりも親しみを感じているだろうと思いますよ。ゼータ関数とか、そういったものの振る舞いについて、ひょっとしたら手触りなんかがわかるくらい理解が深いと思います」

「じゃあ……みんな、最初から数学が得意だったわけではないんですか？」

「そうです、そうです。経験の蓄積なんですね」

なんてことだ。僕たちは数学の世界では赤ん坊同然だったらしい。そりゃ、何もわからなくて当然である。だが、もがいていれば少しずつ感覚を掴んでいけるのも、また事実だという。

数学アレルギーの治療法は怯《おび》えて近づかないことではなく、適当でいいから飛び込んでみることだった。

「なんだか、僕にも数学ができる気がしてきました！」

僕はほっと胸をなで下ろした。良かった。数学が得意な人も、同じ星の住人だったのだ。

★「日常」と「数学」、二つの世界

「もちろんね、人による部分もあると思いますし、適当に数字を触ってみると言っても、そこにセンスもあります。数学が得意な方にこう言うとピンとくるかと思うんですが、日常的な感覚と、数学的な感覚というものがあるんですね」

堀口さんはホワイトボードに円を二つ描いてみせた。何が始まるのかと思っていると、片方の円を指さしてとんでもないことを言い始める。

「こっちが、つまり日常の世界。普通の、我々が生活して暮らしている世界とします ね」

「え？　ではもう一つは……」

「はい、こっちが数学の世界です」

二つの円はまるで星のように、ホワイトボード上に浮かんでいる。

「それぞれ別の世界なので、別の感覚があるんですよ。日常的世界観と、数学的世界観。普通に生きていたら日常的世界観しか持ち得ないんです。これはたとえば、他人を傷つけるようなことを言ってはいけないとか、フォーマルな場所ではふさわしい服装があるとか、いわば常識ですね。大人になるにつれ、周りを観察しながら少しずつ身につけていくものです」

「まさか……」

「はい。数学の世界でも同じように常識があり、観察しながら身についていくものがあるんです。でも、二つの世界で常識は全然違う。頭の中がほとんど数学的な世界観だけで占められているという人もいるんですよ。グロタンディックという数学者なんかは、そうだったらしいですね。私も仕事柄、数学の世界で生きているタイプの人とお会いする機会があるんですけれど、そういう方とは話していてもよくわからないんです」

「よくわからないとは？」

首をひねる堀口さん。

「なんでしょうね、話題が変わりすぎてついていけなかったり、全くわからない単語を並べられたり、話が抽象的すぎて言っていることが理解できない。同じ日本語を話しているはずなんですけれど。うまく言えませんね、なんかもう、ぶっ飛んでいるんです」

どこかそんな人の存在を喜んでいるように、堀口さんは笑った。

「やはり、別の世界に住んでしまっている人もいるんですね……」

せっかく先ほど、同じ星の住人だと安心したところなのに。

「ただ、誰でもある程度は、数学の世界と日常の世界を行き来しているとは思います」

堀口さんは言う。

たとえば、二百円のリンゴを五個買ったとしよう。並べられた丸いリンゴを摑んでかごに入れ、レジに持っていく。だけどよく考えてみると、本来リンゴはそれぞれ別の物体だ。一つ一つ形も違うし、大きさも微妙に異なる。それらをあえて同じ物と見なすことで、五個、と数えることができる。

この時すでに、僕たちは数という抽象的な世界に入っているのだ。

数学の世界の中、二百円が五個、ということで２００×５＝１０００と僕たちは計算をする。計算結果を元の世界に持ち帰り、財布から千円札を取り出すわけだ。

「現実世界の動きや仕組みを数学の世界に持ってきて処理する。これをモデル化とか、モデリングとか言いますね。小さなモデル化なら、みんな日常的にやっていることになります」

「では、誰でも二つの世界を持っていて、どちらにどっぷりはまっているかという話になるんでしょうか」

「うん、そうですね。だいたいの方は日常の世界にはまっています。まあそれが当たり前とも言えますけれど。ただ、中には抽象的な世界だけで完結してしまうような人もいるってことですね。こういう人はリンゴを五個とかじゃないんです。そもそも、リンゴがない世界が主なんです」

僕は首をひねった。ちょっと意味がよくわからない。

「つまりこの世界に何もなかった時に、どうやって数学を作るのかっていう発想で、考え始める。そういう人たちがいるんです」

何もない。ぞっとするような空虚な響きだ。

数えるリンゴもなければ、十本の指もない。面積を測りたい土地もなければ、測るための測量器もないのである。

「たとえばフレーゲという数学者は、全ては論理的なものだけで説明できると信じて、論理記号だけで数学を構築しようとしました。これは結局うまくいかなかったんですけれど。でも私も数学に携わっている者として、仮に宇宙が存在しなくても数学は存在しうるだろうと、そういう考えはありますね」

きっと、彼らにとっては数学の方が身近で、親しみ深いものなのだろう。もしかすると、実在するリンゴの方が奇異に見えてしまうくらいに。

「大学数学くらいから抽象的な、いわば数学的な世界の話が主になるので、そこで壁を感じてしまう人が多いです。イプシロン—デルタ論法くらいからわからなくなる数学科の学生、結構います」

「つまりそこが、数学世界の住人と日常世界の住人との、分水嶺《ぶんすいれい》になるんですね。イプシロン―デルタ論法というのはどんな内容なんですか？」

「たとえばですね、こう直線を引きまして。この直線がずっと続いている、間に穴がないということをどうやって論理で言うかという話があります」

ホワイトボードに引かれた黒い線は、どう見たって連続した線だ。

「見ての通り、じゃダメなんですか」

そう言いたくなりますよね、と堀口さんは困ったように眉《まゆ》を八の字にする。

「ダメなんです。そうじゃなくて、論理で言うんです。『穴とは何か』『穴がないとは何か』という話をしていくわけです」

「どうやって論理で言うんでしょうか」

そう聞いたのは、ほんの軽い気持ちだった。

だが、間違いだった。これによってインタビューは大混乱に陥ってしまう。

「ええと、そうですね、たとえば有理数《ゆうりすう》だけでできた直線なんかは穴だらけなんですけど。もしイプシロン―デルタでやるなら、ある有理数列で考えていくといいと思うんですけど。そうなると、任意のイプシロンに対して、あるデルタゼロがあって、それよりも大きいデルタを考えた時、その数列エーデルタに対して収束値《しゅうそくち》アルファからの距離がイプシロンより小さくなっていくと。こんな感じで考えていくと……」

矢継《やつ》ぎ早《ばや》に繰り出される謎の言葉たち。もちろんついていけない。有理数という言葉はどこかで聞いた気がするなあ、という程度である。整数か分数で表せる数のことだったか。横では袖山さんが目を白黒させている。数学教室のスタッフが、応援に駆けつけてくる。

「どうしたんですか、堀口さん」

「あ、松中《まつなか》さん。今ね、有理数直線に穴があることをイプシロン—デルタを用いて説明したいんですけれど、どんな風にしたらいいですかね。デデキントの切断とかいろいろとあったと思うんですけど。私もちょっと明確でない部分があって……」

「……もし有理数列を使うなら、$\sqrt{2}$に収束する有理数列をコーシー列として構成すればいいので、$\sqrt{2}$の十進小数表示を小数n桁までで止めたものを（an）とすればいいんじゃないですかね……」

ふんふん、じゃあこういうことか。応援に来た松中さんと堀口さんが二人で話しては頷き、それぞれホワイトボードに記号や数字を書きつける。

「だから何個も、同値の命題があるってことですよね。デデキント切断と、ワイエルシュトラスのやつと、区間縮小法とコーシー列は収束するとか。何か一つ認めれば、他は全部そこから導き出せる」

「そうですよね、厳密性をなんとかしようということで、十九世紀くらいにデデキントとかコーシーとか、そういった方が頑張ったところで……」

僕たちは身を小さくして、嵐が過ぎ去るのを待つしかなかった。たっぷり十五分ほども議論が行われ、やがて堀口さんが頬《ほお》を上気させ、額《ひたい》を拭《ぬぐ》いながら、申し訳なさそうに僕の方を見た。

「うん、だいたいこんな感じですかね。すみません。完璧にわかるような説明にはならなかったと思いますけど、すみません」

こちらこそ無理を言ってすみません。僕と袖山さんは恐縮しながら頭を下げた。このあたりで挫《ざ》折《せつ》する学生の気持ちはとてもよく理解できた。

★社会の問題は、もっと数学で解決できる

堀口さんは学生時代、いわゆる数学が得意なタイプだった。ほとんど勉強せずに数学の偏差値七十をキープしてきたそうだが、それでも大学では壁を感じたそうだ。

「やっぱり大学の先生って、本当にすごいんですよ。私なんか到底敵《かな》わない。質問しに行くと、『こんなの超簡単じゃないか、どうしてわからないの？』と言われたりもして。これが簡単に思えるくらいじゃないと、数学者にはなれないんだ、と思いましたね」

もともと数学単体で食べていくのは厳しい道だと考えていた堀口さんは、自分の経験を活かして何かビジネスをやることにした。そこで生まれたのが「大人のための数学教室　和《なごみ》」だった。

「大人になってから、数学を学びたいという人が多いんです。ところがそれに対応できる塾というのは実は少ないので、ここで何かできないかな、と思ったんですね」

「社会で数学が役立つことは多いんですか」

そうですね、と堀口さんは頷いてから、少し考え込んで言い直した。

「ただ様々な立場がありますね。大きく四種類くらいに分けられるかな。一つは、統計学。これは今の流行《はや》りで、データサイエンティストになりたいとか、ビッグデータを解析したいとか、そういう実務上の都合で学ばれる方は多くいらっしゃいます。二つ目は、試験の対策で来られる方。就職活動のSPI対策ですとか、大学受験用の高校数学ですとか。大学の数学科の学生なんかも、うちに通ってますよ。三つ目は、数学の感覚を身につけたい方」

「さっきの30×30、31×29……のかけ算の感覚とかですね」

「そうです。これは範囲としては中学数学や、算数になりますね。で、最後の四つ目が、趣味の数学をやりたくて来られる方。これにはいろんな方がいますが、好きなジャンルをより深く学びたいという感じで」

「ずいぶんいろんな数学のニーズがあるんですね」

実際、通っている生徒は小学生から年配の人まで、様々だという。

「そうなんです。だから数学のこういうところが役に立つから教えますよ、というわけではなくて。あなたの悩み、数学でお役に立てるかもしれませんという感じなんです。お客さんの悩みとか、夢、なりたい自分なんかを聞いて、こちらからカリキュラムをご提案しています」

あくまで現実のニーズが先にある。数えたいリンゴがあるからこそ、それに合わせた数学世界の技を教える数学教室なのだ。

「たとえば経営者の方なんか、大きな数字を計算しますよね。売り上げ千二百万円の店舗が全国に八百あります、合計でいくらになるでしょう、とか。これも累乗《るいじょう》という考え方を身につけると、九十六億と簡単に暗算できる。一種のスキルですよね。累乗というのは別に売り上げの計算のために生まれた概念ではありませんが、それでも日常の世界に持ってくると役に立つ」

堀口さんはいわば、貿易商人のようなものらしい。数学世界の発明品を日常世界に持ってきて、売っているのだ。

「じゃあ、堀口さんたちは日常生活でどんな問題があるのかを知ってなきゃいけませんし、その答えが数学世界のどこにあるのかもわかっていないとならないわけですね」

「そうですね、その間の人って意外と少ないんですね。二つの世界を繋げるために、我々の会社は存在しているのかなって思ってます」

　僕は先ほど数学教室のスタッフと未知の言語で話し合っていた堀口さんを思い出した。その様は、旅行先で現地の人と異国語で交渉する、ガイドさんに少し似ていた。

　現地に詳しいガイドさんは、その国にまつわる面白い過去を抱えていたりするものだけど、堀口さんもその例に漏《も》れない。

「もともと私、数学信奉者だったんです。数学って本当に素晴らしい、これさえあれば世界の全ては説明できると本気で信じてました。でも起業する前、とあるベンチャー企業に入って修業をしていたんですけれど、そこで数学だけではどうしようもないことがたくさんあって」

「たとえば、どんなことですか？」

「あるサービスを作ろうとしたんですけれど、それが法律的に微妙なところだったんです。ダメと書かれているわけじゃないんですが、いいとも書かれていないし、前例もない。だから私はやっちゃダメなんだと思いました。ルールを重視したんですね。数学の世界では公理の上で議論をして、構築していくので」

堀口さんは反対したが、会社にはそのサービスが社会的に求められているという自信があり、結局実現させた。果たしてその結果、利用者からの評判は上々だった。管轄の省に報告に行った時も咎《とが》められることはなく、むしろ評価されたという。

「これなんですよ。ビジネスというのはもっと生々しく、人と人との関係で動く。数学とは違う世界、違うロジックなんだと痛感しました。数学沼から足を洗うきっかけになりましたね」

その沼は、堀口さんの言葉を借りれば「すごく深いし、超面白い。長くいると、日常的な感覚を失ってくる」のだという。そのままどっぷりと数学世界にはまり込んでしまう人もいれば、堀口さんのように現実世界との交流に意義を見いだす人もいるのだろう。そして僕や袖山さんは、まだその沼を遠巻きに眺めているような状態だ。

数学との付き合い方は人それぞれ。しかし二つの世界が重なり合っているなんて、人間は不思議な生き物だ。

★数学をやっている人が一番かっこいい場所を

「やっぱり、数学好きな人って孤独だったりするんですよ」

ぼそり、と堀口さんが口にする。

「なかなか日常生活で仲間に会うこともないですし。知らない人からはわかりづらい世界ですので。それでね、イベントを作ったんです」

「え、イベント?」

はい、と堀口さんがにやっと笑い、「ロマンティック数学ナイト」と書かれたチラシを差し出した。

「学会とか、勉強会のようなものでしょうか?」

「これはもっとエンターテイメントに振ったものですね。『数学をやっている人が一番かっこいいと見なされる場所』を作りたかったんです。私自身、そういう場所が欲しいと思っていましたので。これ、前回のイベントの写真です」

写っていた光景は、まるで劇場かライブハウスのようだった。手にお酒を持った観客が立ち上がったり、拍手をしたりして盛り上がっている。壇上にはスポットライトがあたり、一人の人物が両手を上げてパフォーマンスしている。スクリーンには「あなたの内なる数学を解き放て」の文字。

「結構数学ファンに喜んでもらえていまして。この時は二〇〇人くらい入る箱を借りたんですが、満席になりました」

僕は目を白黒させていた。

「数学が、そんなエンターテイメントになるんですか？」

「そうですね、参加者の皆様に支えられてそうなったと言いますか。主催する我々も、数学ファンの底力を感じています」

僕は袖山さんと目を見合わせた。

どうやらここにも、僕たちの知らない数学の世界があるようだ。

「よかったら今度、遊びに来ませんか？」

ちょっと興味はあったが、大丈夫かなと不安に思う面もあった。まさに袖山さんも同じ思いだったらしく、おそるおそる口にする。

「でも私、数学は本当に、全くダメで……」

「ああ、大丈夫です。数学を知らない方でも、結構楽しめると思いますよ」

堀口さんはさらりと言う。

数学を知らなくても楽しめる？　そんなことがあるのだろうか。

とにかくこれで、断る理由はなくなった。

6　お笑いのネタが、真理に届く

タカタ先生(芸人)

「来てしまいましたね」

よく晴れた土曜日、オフィスビルの一角で、編集の袖山さんと落ち合った。

「来てしまいました」

神妙な顔で頷き合う。「ロマンティック数学ナイト　会場は五階」と書かれた看板はお洒落ながらも無機質で、就職セミナーか何かを思わせる。会場は小綺麗《こぎれい》で、椅子は柔らかいソファ。居心地は良かったが、受付で渡された紙に書かれた文字が僕たちを戸惑わせる。

「〈挑戦状〉数 x 以下の最大の整数を［x］と表すことにします。この時次の関係式を満たす最小の有理数 x を求めてください。［x/2］+［2x/3］+［3x/4］=4」

いいものあげますよ、とばかりに差し出してくれた男性スタッフの満面の笑みが辛《つら》かった。

我々は紙をそっと折りたたんで鞄《かばん》にしまう。

こんな調子で大丈夫なのだろうか。お昼から始まるイベントは懇親会まで含めると、夜の九時まで続くらしい。マニアックな数学の話を延々と聞き、わからなくて置いてけぼりになり、しまいには脳がオーバーヒートして死んでしまったりはしないだろうか。

戦々恐々としたままイベントが始まる。会場が暗くなって映像が流れ、音楽と共に司会者が壇上に現われた。

「どうもー！　ようこそ皆さんいらっしゃいました。今日はね、マスマティックス・ハラスメント、マスハラは一切なし。数強の方も、数弱の方も、一緒に楽しんでいこう、そういうイベントです」

袖山さんと顔を見合わせる。本当だろうか。

「私も何度も司会をやらせてもらってますけど、ゼータ関数とかよく聞きますが何のことか全然わかってないんです。でもそれでいいんです、わからないを大切にしましょう！」

細長い体をくの字に曲げてお辞儀をし、眼鏡に赤ベストの司会者はにこにこ笑って会場を見回す。気づけば場内満席だ。目を輝かせて壇上を見つめている中学生くらいの女の子もいれば、ちょっと不安そうに小さくなっている青年もいた。

少し緊張が和らいだが、改めて疑問が浮かぶ。

わからないのに数学を楽しむ、なんてことができるのだろうか？　これから何が始まるのか、僕たちは固唾《かたず》を呑んで見守った。

★食べられるゼータ関数、ポン酢に合うグレブナー基底

「わからなくてもわからないなりに、楽しめるイベントなんですよ」

司会者のタカタ先生はそう言っていた。

ロマンティック数学ナイトは、基本的にはショートプレゼンテーションの連続で構成されている。事前に募集されたプレゼンターが、八分ほどの短い発表を次々に披露《ひろう》していくのだ。

「あなたの内なる数学を解き放て」のキャッチフレーズ通り、内容は数学に関することなら何でもありだという。

「こないだもあるロマンティストの方が、ゼータ関数について話したんですけどね」

「ロマンティスト？」

「あ、すみません。このイベントではプレゼンターのことを『ロマンティスト』と呼ぶんですよ。で、その方はゼータ関数という数学の概念が好きで好きで、愛しちゃってるんですね。それが高じてゼータ関数のグラフを3DCGで表示して、3Dプリンタで出力したんですよ。『触《さわ》れるゼータ関数』だって言ってね。それを会場に持ってきた」

「なるほど、何か底知れないロマンを感じますね」

「で、それで飽きたらず、今度はゼータ関数を食べたくなったらしくて。スポンジケーキと生クリームでゼータ関数の形のケーキを作って。これで文字通りゼータ関数を味わえる、と。実際にレシピをクックパッドに掲載されてましたからね。そんな勢いなんです」

そのレシピを見てみると、「中心部の溝《みぞ》（0＜Re(s)＜1の領域）も生クリームで埋めます」とか「s＝1の地点に生クリームで軽く山を作り、ローソクをたてます。なめらかな曲線で極を再現しましょう」などとあり、尋常ではない。

僕は納得し、頷いた。

確かにゼータ関数が何かを知らなくても、面白いことをやっているとわかる。

イベントが進むにつれ、だんだん僕も楽しくなってきた。実際、話を聞いていて面白いのだ。

まるで手品のように鮮やかな証明の方法を紹介する大学生。計算機代数という分野が面白いのでぜひ知って欲しいと説明を始める高校生。691が一番美しい素数だと主張し始める中学生もいれば、日本古来の数学文化について考察を始める者もいる。

すらすらと頭に入ってくる話もあれば、さっぱり理解できない話もある。だが、ついていけないからといって退屈だとは限らない。何やら複雑な数式をちょこちょこいじり始め、ぱっぱっと変形させた結果非常にシンプルな数式に変わってしまう様などは、どこか隠し芸でも見ているような興奮がある。タネはわからなくても魅了されるのである。

会場の雰囲気の力も大きいだろう。みな生き生きとしていて、嬉しそうに話しているのだ。見ているこちらの方まで何だかうきうきしてくる。

特に今回は「ロマンティック数学ナイト　U22」とのことで、こっそり交ぜてもらった我々を除き、参加者は二十二歳以下限定とされているため、熱気はかなりのものだ。

これは勉強会などとは全然違う。

乱暴なたとえになるのを承知で言うと、大喜利《おおぎり》だ。数学というお題で面白いことを言う、あるいは自分が面白いと思ったことを吐き出す、そういう場所だ。お客はその内容に感動し、あるいはロマンティストの情熱に魅せられて、拍手を送る。よって観客と発表者の垣根は低く、実際に飛び入りで発表をする人も少なくないらしい。

ふと、「グレブナー基底《きてい》にはポン酢が合う！」などと声が聞こえてくる。爆笑が巻き起こり、実際にポン酢を持って壇上に上がる者がいる。やんやと囃《はや》し立てられ、ポン酢を呷《あお》り始めたりもする。何のことかわからずきょろきょろしている人もいる。もちろん僕もその一人だ。

これは数学ファンがツイッター上で流行《はや》らせた冗談が元ネタのようだ。「グレブナー基底」

とは数学用語で、もちろん食べ物ではない。内輪《うちわ》の盛り上がりなのだが、不思議と仲間外れにされたような感じはしなかった。

この集まりは「数学を楽しむ」とはちょっと違うのだ。「数学で楽しむ」とでも言おうか。数学をきっかけにして、みんなで遊ぼうというノリなのである。ご新規歓迎。数学を好きな人に悪い人はいないし、数学をこれから好きになる人にも悪い人はいない。

そんな感じなのでこちらも次のロマンティストがどんな話をするのか楽しみになってくるし、思わず「ポン酢！」と一緒に叫んでしまいそうになる。

「数学で楽しむ」例の一つが、「素数大富豪《だいふごう》」というゲームだ。

「素数大富豪というゲームの奥深さと伸びしろについて、お話しさせていただければと思います」

こんな発表をするロマンティストが存在し、また隅《すみ》のスペースで実際に素数大富豪で遊んでいる人たちがいたりもして、数学ファン界隈ではそこそこ知られた遊びらしい。

素数大富豪は過去にロマンティストを務めたこともある関真一朗《せきしんいちろう》さんが考案したトランプゲームで、ルールは単純。「大富豪」同様、順番に手札から素数を出していくのである。素数とは1とそれ自身でしか割り切れない、2以上の整数。黒川信重先生とのお話で「数学における原子のようなもの」とされた、数学を知る者にとってはとても重要な存在だ。
たとえば誰かが「２」を出したら、次の手番の人は「２」より大きい素数を出さなくてはならない。「３」を出し、「５」を出し……という形でゲームは進行していく。出せなくなったらパスだ。全員が出せなくなったら場札を流し、また新しい素数を出す。これを繰《く》り返し、手札が一番先になくなった者が勝ちになる。

素数大富豪では複数枚出しもできる。たとえば「４」と「Ａ」を一緒に出せば「41」という素数になる。この場合次のプレーヤーも二枚出したうえで41より大きい素数を作らなくてはならない。「９」と「７」で「97」、「Ｑ」と「Ｋ」で「１２１３」など、多彩な素数が展開されていく。もちろん三枚以上出してもよいわけで、桁はどんどん大きくすることができるが、今度はそれが本当に素数なのかどうか判断するのが難しくなってくる。もちろん素数でないものを出してしまったらペナルティだ。公式ルールでは素数判定員なる審判が存在する。

手札の数字でどんな素数が作れるか？　相手の出したこの数字は本当に素数なのか？　ゲームを通して考えながら、新しい素数を覚えながら、時にはびっくりするくらい大きな素数が作れたりもして、それがなかなか楽しいのだという。

完全に数学で遊んでいる。

さらに特殊ルールがある。通常の「大富豪」における「8切り」をご存じだろうか。これは「8」を出すと強制的に場を流すことができるというルールで、戦略に幅を与えてくれるものだ。「素数大富豪」においては類似ルールに「グロタンカット」が存在する。これは「5」と「7」、すなわち「57」を出すと場を流せるというルールである。

どうして57でそうなるのか。

実はこれ、数学ジョークなのである。

グロタンディックという数学者が、ある講演で素数の例として57を挙げた。しかし、57は3と19で割り切れてしまうので、実際には素数ではない。偉大な数学者でも間違うことはあるという例、あるいは具体例よりも抽象的な理論に興味があった証として、有名なエピソードだという。

つまりグロタンディックほどの人が混同したのだから、57は素数みたいなものなんじゃないか、少なくとも素数大富豪の特殊ルールくらいにはしてもよかろう、という洒落が「グロタンカット」なのだ。他にも「合成数出し」などの特殊ルールがあり、楽しまれているという。

一体何なんだ、ここは。

わいわい盛り上がっている「素数大富豪」ブースを遠目に見ながら、僕は悩み始めてしまった。

彼らが心から楽しんでいることは間違いない。常連メンバーも初参加メンバーも入り乱れて、あちこちで爆笑が巻き起こっている。彼らは一般人よりも遥かに数というものに愛着を持っているように見えた。堀口さんが言っていたような「とりあえずいじってみる、観察してみる」という感覚なのだろうか。

そして数学的な意義やらなにやらよりも「ウケ」を狙っている節《ふし》があった。そういう意味で、ストイックに研究を続ける数学者とはまた異なる姿勢である。

しかし、遊びと割り切っているんだな、などと油断していると度肝《どぎも》を抜かれるような話が飛び出してくる。考案者である関さんのブログを読んでいると、「素数大富豪で出せる理論上最大の素数は七十一桁《けた》である。二人対戦で、相手に『A』一枚だけを持たせて延々とパスを繰り返せば可能である」とか、「素数大富豪で出せる九桁までの素数は、計算すると五百十八万四千八百七十七個である」とか……何やら奥深い数学が垣間《かいま》見えたりもするのである。

もしかしてこれは重要な研究だったんじゃないかと錯覚《さっかく》しそうになる。

かと思えば「グロタンカットはスペードで出すのが一番よく斬れそう」などと、また脱力させられるような話が出てくるのだ。

そんなのありか？　とも思うし、これはこれで面白い、とも思う。この不思議な感覚をひもとくヒントが欲しくて、僕はタカタ先生に会いに行くことにした。「ロマンティック数学ナイト」の総合司会という立場からも話を聞きたかったし、タカタ先生自身の数学との関わり方にも興味があったのである。

「タカタ先生」は芸名である。

彼はよしもとクリエイティブ・エージェンシー所属のれっきとしたお笑い芸人でありながら、高校で教鞭《きょうべん》をとる数学教師でもあるのだ。人呼んで「お笑い数学教師」。彼なら「数学で楽しむ」ことについて、何か知っているのではないかと思った。

★お笑いと数学の狭間で

閑静な住宅街、メゾネットタイプのアパートの一室がタカタ先生の自宅兼、動画スタジオである。

「高校生くらいの時には、将来はお笑い芸人か数学の先生、そのどちらかになろうって思ってました。でも、その時はまだお笑いと数学を融合させるという発想はなかったですね。別々のものでした」

タカタ先生は背が高く眼鏡をかけていて、とても真面目《まじめ》そうな外見だ。司会者の時と同じく赤いベストを着ていた。仕事モードの時は必ずこのコーディネートらしい。芸人らしく、あるいは教師らしくよく通る声で、笑顔を絶やさず話してくれる。

「もともと数学は好きで得意だったので、数学者になりたいと思った時期もありました。ただ中学の頃、同じく数学好きで仲良くなったクラスメイトがいまして。彼と関わる中で、ずいぶん刺激を受けたんです。たとえばある日、誘われて行ったところが大学だったりして……」

「ええ！　そこに、中学生が参加したんですか」

「そうです、当然ですけれど、そこでは専門的な議論が行われているわけです。僕はそれを眺《なが》めてもう、『うわぁ〜』という感じで。何の話をしているか、ちんぷんかんぷんだった」

タカタ先生はややカールのかかった頭をかいた。

「また、国際高等研究所というものの存在も知りました。それは何なの、という話なんですけれど。調べてみたらですね、数学というのは紙と鉛筆でやるというイメージを持ってたんですが、国際的にはクッキーとティーでやるのだと。要するに一人でやる時代は終わって、みんなでディスカッションしながらやる時代みたいで。国際高等研究所というところは住み込みで、衣食住は完備。あちこちにホワイトボードが置いてあって、誰かが思いついた数式をそこに書いておいたり、みんながそれを見て『俺ならこうする』とかコミュニケーションをしながら議論を進めていく、そういう場所のようなんです」

「スケールがもう、違いますね」

「はい、そういうことを知るにつけ、何だか圧倒されてしまいまして。自分の実力や情熱に限界を感じて、数学者の夢は諦《あきら》めたんですよ」

　とはいえ相変わらず数学は得意で、苦手な子に教えてあげたりしていたタカタ先生。お笑いも大好きで、文化祭で自ら台本を書いて漫才《まんざい》もやった。そして数学の先生とお笑い芸人、どちらを選ぶべきか悩みながら、大学進学を機に上京する。

「大学に通いながらインディーズで芸人として活動したんですが、あまり芽が出なくて。とりあえず大学卒業と同時に教員になりました。先生の方ならできるという自信があったんですね。でも結局……あんまりうまくいかなかったんです。生徒との関係が悪化してしまったこともあって、結局一年で教員はやめました」

　ここから、タカタ先生は二つの道を行ったり来たりするようになる。

「今思えば、柔軟性がなかったんですよ。僕自身、数学が得意だし好きだったので、数学が苦手で嫌いな子の気持ちに寄り添えなかった。僕の授業を気に入ってくれた子もいましたが、それはもともと数学が得意な子だったんですよ。苦手な子には、もっともっと嚙み砕いて伝えなきゃならなかったのに、そこまで考えが及ばなかった」

タカタ先生はやや俯きながら続けた。

「芸人と先生、二つも夢があったのに、二つともダメになっちゃって。そこから一年間はぶらぶらしてました……でも、次第にお笑い熱が復活して。コンビ組んで、『生徒にいじめられて先生やめました』とか自虐ネタにしつつ、吉本の養成所に入りました。この間は全く数学ネタはやってないです」

お笑いに再びチャレンジ。

「そこそこ手応えはあったんですけれど、やはりお笑いの世界って本当に厳しくて、成功とまではいかず……そのうちどんどん詰まりになって、コンビ仲もどんどん悪くなって、解散してしまいました。その頃今の奥さんと出会って、結婚することになったんですね。そこで取り急ぎ家計を支えるために、じゃあ教員免許を使おうと」

先生に再びチャレンジ。

「教員をやりながら、夜はピン芸人として舞台に出たり、インターネットでYouTubeにネタの動画を出したり、そういう活動を始めました。うちの奥さんは漫画家なんですけれど、彼女の収入が安定したら芸人に専念させてもらう、それまでの暫定的《ざんていてき》な措置《そち》という考えだったんです。当初は」

芸人に専念するでもなし、教員に専念するでもなし。中途半端な形だった。が、それが思わぬ変化を生む。

「そうしたら教師としての仕事が、めちゃくちゃうまくいくようになったんですよ」

「それはどうしてですか？」

「芸人ってウケてなんぼの世界ですよね。それを三年やったので、柔軟性が出たんだと思います。自分は面白いと思っていても、お客さんの反応が悪かったらネタを修正しなくちゃならない。生徒の顔色をうかがうじゃないけど、生徒が求めているものを提供しよう、みたいなマインドを持てたんでしょうね」

根っからの芸人魂《だましい》が、ここで良い方に機能し始める。

数学の定理などを忘れないよう、語呂合《ごろあ》わせの歌を作って生徒に紹介することを始めた。

「円周率の歌」「三角形の五心《ごしん》の歌」「三角関数の加法定理《かほうていり》の歌」などなど。

ＹｏｕＴｕｂｅに上がっている動画を見せてもらった。

「ワン、ツー、あ、ワンツースリーフォー！　三角形の五つの心を知ってるかぁ～い♪　重《じゅう》心垂心外心内心傍心《しんすいしんがいしんないしんぼうしん》……」

「これ、実際に授業中に歌うんですか？」

動画の中でハイテンションで叫んでいる姿を見て、僕はタカタ先生を振り返った。彼は真顔で「はい、ギターも持ち込んで」と頷く。

「わあ、面白い。こんな授業だったら、数学大好きになりそう！」

編集の神山さんは目を輝かせて動画を見つめている。タカタ先生は満足げに頷いてから続けた。

「漫才師にとってのM－1グランプリ、ピン芸人にとってのR－1ぐらんぷりのような勝負の日が、教員にもあります。それは授業参観日。僕は参観日のたびに新作の歌を準備して、ギターを持ち込んで歌ってました。サビの最後は『はい、みんなも一緒に！』とか言って。そうしたら生徒だけでなく、保護者までみんな歌ってくれて、大盛り上がりでした。隣のクラスの先生からは、『もう少し静かにしてもらえますか』って言われちゃいましたけどね」

まるでライブ会場だ。

「実際にみんな、それで定理を覚えられたんでしょうか」

「それなんですよ！　二〇一七年の一月に同窓会がありましてね。七年前に教えた子たちだったんですけれど。当時の授業で歌った『メネラウスとチェバの定理の歌』というやつを、先生、もう一度歌ってくださいと。みんな覚えていてくれて、サビのところでは『頂点、分点、分点、頂点〜』って一緒に歌って」

ハハハ、とタカタ先生は笑った。

「記憶に残っていてくれて良かったたって。ほんとにそう思いました」

お笑いだけでも、数学だけでも届かなかった何かに、手が届いたのだ。

★裏技で真理を垣間見る

生徒のために何ができるか。

歌や語呂合わせの他に、タカタ先生がもう一つ大事にしているのが、解法を自分で作るということだ。

「教科書に載っている解き方を教えても、できない生徒が必ず出てくるんですよ。前の僕だったら『これが一番いいやり方だから、これでやれ』と言っていました。でも今は、できないという前提で何とかしないとならないと思っていて。そこで『じゃあちょっと待ってろ、裏技《うらわざ》考えるから』となるんです」

タカタ先生が編み出した裏技は数多く、インターネットでも多数紹介されている。たとえばこんな問題があるとしよう。

「ある仕事をAだけで行うとa日かかり、Bだけで行うとb日かかる。この仕事をAとBの二人で行うと何日かかるか？」

これは要するに仕事算で、分数などを用いて解いていくのが一般的だ。しかし裏技である「タカタの公式」によると、答えはずばりab/(a＋b)日となる。これだけ覚えておけば、細かいことは考えなくても即座に答えが導き出せる。ただし、この裏技は二人で仕事をする場合にしか当てはまらないので、三人の時や、一人が途中で休むといった応用問題には使えない。

つまり裏技は、問題の本質を理解して汎用的《はんようてき》な解き方を見つけるという、数学の本道からはちょっと外れてしまってもいる。

「裏技を考えて、できない生徒にやらせてみて。それでもできなかったら、また考えて。創意工夫を繰り返して。『次の時間までに、必ずお前らでもできるような裏技考えてくるから』と約束するんですけど、もう次の時間が迫ってるのに、全然思いつかない時もあります。ずーっと頭の片隅で考え続けて、何度もノートの上で数式をこねくり回して。当日の朝、自転車で学校に向かっている間にハッと閃《ひらめ》くなんてことも。それでノートに書いて確かめているうちに、遅刻しそうになったりね」

しかし考え抜いているという事実に変わりはない。数学者が思案の果てに真理にたどり着くように、タカタ先生も裏技を見いだしているのである。

「僕がやっていることは、江戸時代の和算《わさん》ブームに似てるんじゃないかと思います。一説によると、江戸時代に一番売れた本は『塵劫記《じんこうき》』という算術の本らしいんですよ。みんながこれを読んで、自分ならではの算術の技を競い合っていたわけです。この算術、現代の数学とは少し違って、厳密な証明なんてものはあまり関係なかったんですね。ただ問題を解く技を編み出し、披露《ひろう》することに重点が置かれていた。文字通り『術』なんですよ。理由や説明よりも、解ける、スゴい！　というところが重要なんです」

タカタ先生の目はらんらんと輝いていた。

生徒のために考えるようになった裏技だが、実はタカタ先生はこれを考えている時間が大好きなのだという。

「僕ね、お笑いのネタを考えていると、めっちゃ眠くなるんですよ。もう本当になんでこんな眠くなるのってくらい眠くなって。でも数学の裏技を考えてる時って、どんどん目が冴えてきちゃうんですよ。もう楽しくてしょうがなくてね、ギンギンになっちゃうんです」

最近編み出したものにこんなのもありますよ、とタカタ先生は傍《かたわ》らからメモ用紙を取り出して、マジックでささっと数字を書いた。

「もうこれは本当にネタなんですけど。ちょっと旬《しゅん》は過ぎちゃったけど、芸能ニュースです」

書かれた数式は9.28＋29.80＋2.14＝。

「何だかわかります？　九月二十八日（9.28）に――」

タカタ先生は、数字を順番に指さしていく。

「福山《ふくやま》（29.80）雅治《まさはる》さんが、吹石《ふきいし》（2.14）一恵《かずえ》さんと結婚して。この式の答えが――」

ささっとマジックが僕たちの目の前で動いた。

「41.22。良い夫婦というわけです」

おおー、と思わず感嘆の声が漏《も》れた。

「江戸時代、こういうのも流行《はや》ったそうです。擬算数歌《ぎさんすうか》と言うんですが、まあ言葉遊びというか、計算遊びというか。こういうネタは舞台でやるとウケがいいので、僕もたくさん作っています。今は二百個くらいあるかな」

「これ、ゼロから生み出すのは結構大変なんじゃありませんか？」

「そうですね。ワイドショーなんか見ていると、これ数式にできるかな、と考えるようになりましたね。語呂合わせなんかを駆使しているうちに、言葉が全部数字に見えてきてしまうこともあります。芸能人の周辺情報で数字にできるもの、生年月日とか、デビューした日とか、そういったものをいっぱい洗い出して、片っ端から計算してみたり。小数点を少しずつずらしてみたり……計算力はめちゃくちゃつくと思いますね」

くだらない、と笑い飛ばす気にはなれなかった。確かに僕だって、これに学術的価値があると言い張る自信はない。でもこれはスゴいのである。真似しようと思ったってできないのだから。

娯楽と数学。

その二つは縁遠い存在であるようで、しかしその人間離れした集中力、真剣味《しんけんみ》において、どこか似たものも感じてしまうのは僕だけだろうか。

タカタ先生がふと、面白い話を教えてくれた。

「ラマヌジャンという数学者がいるんですけどね、彼は数学の専門的な教育を一切受けていないんです。ただ、十五歳の時に出会った『純粋数学要覧《じゅんすいすうがくようらん》』という数学公式を集めた本ですね、それにドハマりして。『この数式、綺麗だな』ってひたすら眺めていたそうなんですよ。本人、厳密には理解していない。ただ直感的にこの式は美しい、みたいなものを感じていた。そして自分の思いついた、美しいと思う式を、三千個くらいノートに書くんですね。でも自分では証明も何もできないんです、ラマヌジャンは。だからその『ラマヌジャンノート』をイギリスの大学に送ったんです」

もちろんほとんどの人は見向きもしなかったという。素人が適当に書いた数式など、検証に値しないというわけだ。

「でも、ハーディという数学者が気づいたんですよ。『うわ、こいつ本物だ』と。彼が、ラマヌジャンノートに書かれた数式を検証し始めたところ、これがことごとく数学的に正しいんです」

「そんなことがあるんですか」

もはや神秘的な話である。

「まだ検証中のものもありますが、ほとんどの数式は正しいことが証明されています。物理学の、超ひも理論という最先端理論の中にも、このラマヌジャンが思いつきで書いた数式があったりして。当時のラマヌジャンがそれを知る由《よし》もないんです。でも彼は、美しいという理由だけでそれを書くことができた」

千葉逸人先生が、数学的センスとは美的感覚の一種と言っていたのを思い出す。

「だから本当に美しいと思うものをひたすら目指して。感度を高くして、その数式を信じる力を磨いた先に、何かしらの真理があるのかなと……」

タカタ先生はしばらく宙を見て考え込んだ後、少し照れくさそうにしながら続けた。

「僕もね、最先端の数学とかじゃ当然ありませんけど、でも僕に掘れる場所を掘って、掘って掘りまくっていくと、あ、ここだ。ここがとりあえず一つの真理だな、って思える瞬間があったりするんです。数式のダジャレとかでもね。この福山雅治さんのなんてもう、これ以上ないと思うんですよ。入籍日と名前を足して『良い夫婦』になった時には、僕、鳥肌《とりはだ》が立ちましたから」

何が真理で何が究極かは、結局のところそこまで潜《もぐ》った本人にしか知り得ないのかもしれない。その価値もまた一概に決められるものではない。だとしたらどんなやり方であっても関係ない。

夢中になり、楽しんだ者勝ち、ではないだろうか。

★僕の数学を聞いてくれ

タカタ先生は悩んでいた。

「僕、あまり先生に向いてないと思うんですよね」

「そうでしょうか。数学が苦手な生徒にもとことん向き合ってくれる先生なんて、生徒からしたら嬉しいと思いますけれど……」

「いや。生徒の学力を上げるのがいい先生だとすると、僕はそういう先生ではないと思うんです。裏技とかもね、本当は生徒が創意工夫して、自分で編み出すのが一番いいんですよ」

試行錯誤《しこうさくご》してひねり出した裏技が満載され、奥さんのイラスト入りで見た目にも楽しく作られたプリントを、タカタ先生はちらりと見る。

「僕は解き方とかにめちゃくちゃ工夫をして、教えています。一方、隣のクラスには教科書通りに授業をする先生がいる。で、同じテストをすると、えてして教科書通り習ったクラスの方が、平均点が良かったりするんですよ」

少しタカタ先生は寂《さび》しそうだった。

「え、そうなんですか?」

「はい。おそらくですが、僕のこの裏技的な解法って劇的に解ける気にさせるんですよ。でもそれで満足しちゃって、生徒はトレーニングを怠ってしまうのではないかと。原因を調べるために、授業についてのアンケートを取ったんですね。何かわかりにくいところがあったか、などと聞いたんですが、ほとんどの生徒は点が悪かった理由を『自分が勉強しなかった』せいだと答えたんです」

確かに。定理を覚えるための歌や、まるで魔法のような裏技はとても興味を引くが、面白すぎて遊びのようになり、真面目に勉強しなくなってしまうかもしれない。

「もっと言うと、たとえばある先生がクラスを受け持つと、すごく平均点が上がった。そしてその先生が外れると、点が下がったとしましょう。じゃあその先生がいい先生だったかというと、違うかもしれないんですよ。クラスから離れても彼らの成績を落とさない先生こそ、いい先生じゃないかと。それは勉強の癖をつけさせる先生かもしれない。面白くなくて、厳しい先生かもしれない。やっぱり僕の行動原理って、生徒を楽しませたい、喜んで欲しい。つまりウケたい、みたいなところにあるんですよ。だから本当にいい教師とは違うんじゃないかと。向き不向きや、領分の問題だと思うんですけどね」

お笑いの経験を持ち込んで届いたところもあれば、それではかえって届かないところもあるのだ。世の中結構難しい。

じゃあお笑いの方はどうなのだろうか。数学の話題を面白おかしく扱うネタを始めるなどした結果、「ロマンティック数学ナイト」の司会の仕事が舞い込んだり、お笑いの視点から数学を読み解く本を執筆したりと、タカタ先生の活躍の場は着実に広がってきている。

「でも僕はぬるいです。だからまあ、お笑い一本ではなかなか勝てなかったんだと思うんですが」

「ぬるいというのは？」

「世の中には本当にお笑いのことばかり四六時中考えてる人が、いるんですよ。言い方が悪いですが、ちょっと病気みたいな人が。ボケる必要がない打ち合わせでもずっとボケてる人とか、ずーっとツッコミやってる人とか。こんな風に」

タカタ先生は前傾姿勢になってこちらをにらみ、まるでジャブのタイミングをうかがうボクサーのようにかすかに体を揺すってみせた。

「いつ茶々《ちゃちゃ》入れようか、いついじったろうか、みたいな感じで人の話聞いてるんです。ずっとですよ。だからほとんど社会不適合者《ふてきごうしゃ》かもしれない。でもお笑いの世界で成功するのはやっぱりそういう人たちなんですね。僕はそこまで行けなかった。ぬるいんです」

お笑いと数学。どちらの世界でも、自分には足りない部分がある。

「でも芸人と教師、お笑いと数学、別々のことをやっているように思われますが、自分の中ではそんなことはなくて。どちらも僕にとっては本職というか、生き方というか。数学だったら美しい、お笑いだったらウケる、そういう自分の感性に従って行動を選択し続けている、それだけなんです」

二つの狭間《はざま》で葛藤《かっとう》しながら、タカタ先生はそれでも自分に何ができるのか、試行錯誤を続けていた。中途半端ではなく、唯一無二《ゆいいつむに》になるために。

「だから、みんなに僕の数学を聞いて欲しいですね。僕が数学についてしゃべるのを、聞いて欲しい。数学嫌いな人にも、『あ、ちょっと数学面白いかも』と思わせる自信はあるんで」

タカタ先生はそう言って、笑ってみせた。

インタビューを終え、僕たちは階段を下りて玄関へと向かう。ふと思い出して、僕は聞いてみた。

「そういえば、さっきの話に出てきた中学生の時のクラスメイトは、今どうしているんですか」

「ああ。それがね、前にテレビを見ていたら、大学とか研究室を訪問するっていう番組をやってまして。とある研究施設が出てたんですね。そこに世界各国から優秀な学者が集まって、施設内の至《いた》る所にホワイトボードとか置いてあって、日夜ディスカッションしてるみたいな話で……」

「え、それってもしかして」

「そう、何だか覚えのある話だなあと思って見てたら、そこに彼が、いたんですよ！」

とてもかなわない、と頭をかいているタカタ先生。彼は夢を叶え、タカタ先生はまだ迷走中、という見方もできる。

だが、僕はふと思った。

「ロマンティック数学ナイト」の司会をして、休憩時間中にブースで数学ファンと語り合うタカタ先生。数式ダジャレや裏技を披露し、笑い合っている姿。そこならではの充実した空気。

研究所とは方向性が違うけれど、確かにタカタ先生が切り開き、行き着いた場所である。その価値を決めるのは、本人にしかできない。

7　ここまで好きになるとは思ってなかった

松中宏樹《まつなかひろき》先生（数学教室講師）
ゼータ兄貴（中学生）

ロマンティック数学ナイトの熱気に触れたり、タカタ先生の話を聞いたりするうち、だんだん僕は数学と人との関係がよくわからなくなってきた。

これまでは漠然《ばくぜん》と、数学を好きな人がごく一部に存在し、そういう人が数学者になって一生を数学に捧げるのだ、というように考えていた。しかしどうだろう。まず、数学が好きな人はごく一部どころか、たくさんいる。少なくともイベントが大盛況になる程度には存在する。そして彼らがみな数学者になっているかというと、そういうわけでもない。だが、だからといって数学を趣味に留めているわけでもない。数学教室の堀口さんや、芸人のタカタ先生など、自分の生き方の深いところに数学を根付《ねづ》かせ、日々暮らしている人がいるようなのだ。

「一体どういう毎日なんでしょうね」

僕と袖山さんは串《くしゃ》焼きを食べながら想像してみる。

「なんか、疲れそうじゃないですか？　常に数学がそばにいるなんて。だって数学はとても厳密でキチッとしている学問でしょう」

ああ、なるほど……と袖山さんも頷く。

「神経質な奥さんといつも一緒にいるみたいな？」

「そうです。ほどほどのところでよしとする、ようなことができなくなりませんかね。待ち合わせの時間から一分でもずれると許せないとか」

「でも、これまでお会いしてきた人は、そういう感じじゃありませんでしたけど」

確かに。実際のところはどうなのか、「数学と結婚した」と公言してはばからない方にお話を聞いてみることにした。

★これは恋愛みたいなものかもしれない
「たとえ話として、言っているだけなんですけどね。別に女性に興味がないというわけでもありませんし」

松中宏樹さんは少し恥ずかしそうに笑って、優しげな目尻を下げた。

「中学の時にちょっと、数学が得意だと思ったんです。それが高校の時に好きになった。大学に入って、愛し始めた。そして社会人になって、ついに結婚したという感じです」

「少しずつ段階を踏まれたんですね」

「はい。高校までは、テストで点が取れるという理由で好きだったんですよ。でも大学からは変わりました。僕は工学部の情報学科でしたが、数学が好きだったのでひたすら数学ばっかり勉強していて。あれはもう、愛してましたね」

松中さんは京都大学大学院を卒業後、某大手電機メーカーに入社。SEとして働いていたが、数学への思いから「大人のための数学教室　和《なごみ》」講師への転職を決めた。ロマンティック数学ナイトの受付で、僕たちに数学の問題を渡してくれたのも松中さんであった。

「前の職場では七年くらい働かせていただいて、そうですね、自分で言うのもなんですが次のリーダーみたいなポジションにいましたね」

「そこでやめたんですか？　会社から反対されたのでは」

「僕が数学好きだってことは会社の人、みんな知ってたんですよ。だから相手が数学なら、もう仕方ないか……という感じでしたね。ありがたさと、申し訳なさの混じった気持ちで転職しました」

「給料なんかも下がってしまうのでは」

「それはまあ。でも、稼《かせ》いだお金で何をやりたいかと言えば、結局数学なんですよ。だったらどう考えても、数学を仕事にした方がいいじゃないですか。それ以外、本当に興味がないんですよね」

「じゃあ、迷ったりは……」

「決断に時間は全然いらなかったです。数学がすごく好きなんで」

これは確かに寿退社《ことぶきたいしゃ》というか、数学と結婚という表現がしっくりくる。

「でも、中学の頃なんかを思うと、まさかここまで好きになるとは思ってなかったですね。やっぱりこれは恋愛みたいなものかもしれません、本当に」

ずっとそばにいた幼馴染《おさななじ》み。松中さんが頭をかく姿を見て、僕は勝手にそんなことを思った。

「その魅力は、どんなところにあるんでしょうか？」

「やっぱり高校数学と、大学数学って全然違うんですよね。たとえば教科書や本を読んでいると、こういうのに出くわすんですよ」

数学教室の壁は、全面ホワイトボードになっている。松中さんは慣れた様子でマーカーの蓋《ふた》を外すと、すらすらと数字を書き始めた。

1＋1/4＋1/9＋1/16＋1/25＋1/36＋……

「分数の計算だ」

「そうです。これ、ずーっと続けていくと、こうなるんですよ」

松中さんは……の先にイコールを書き、答えを示した。

$=\pi^2/6$

「えっ。なんで……」

思わず声が出る。松中さんが振り返った。

「と、思うじゃないですか。こんなところに円周率、πが出てくるんです。分数の計算に、円なんて関係ないはずなのに。どうしてこうなるかは、三角関数を使って証明できるんですが……不思議ですよね。大学数学ではこういうのを、まざまざと見せつけられるんです」

「分数の計算の根っこに、なぜか円周率が隠れていたということですね」

「そうです。で、これらの背後にはさらに、ゼータ関数という概念が棲《す》んでるみたいなんですよ」

ぞくりとした。

とあるキノコ研究者の話を思い出す。山の麓《ふもと》から頂上まで、あちこちで土を掘り、その中に含まれていた菌糸《きんし》を集めて分析したところ、なんとDNAが全て一致したという。つまり一つのキノコが山中を覆《おお》い尽くしていたわけである。表面を見てなんとなく理解していた世界には、遥かに巨大なものが潜んでいる。

「底知れなさを感じますね」

「黒川先生や加藤先生なら、ゼータのことまで余裕でわかるわけです。僕はそこまでは到達していない。それでも、まだまだこの先の世界が待っているというのは嬉しいわけです」

松中さんは顔を紅潮させて続ける。

「しかもですね、数学は他の趣味と違って、家にいてもできるわけです。こういうのがいつでもどこでも、味わえるんですよ」

わざわざ菌糸を取りに、山中を駆けずり回る必要はないのだ。

「せいぜい数学書を買うお金が必要なくらいで。それも、一冊で楽しめる時間を考えればそんなに高い金額でもない。そういうところがとてもいいと、僕は思うんです」

現在、松中さんの家には三百冊くらいの数学書が散乱しているという。

「一生退屈しない、ということですね」

「いえ。二、三生くらいは大丈夫だと思います」

真顔で松中さんは頷いた。

★どんなレベルの人でも楽しめるし、難しい

「じゃあ具体的には、ひたすら数学書を読んで、楽しんでいく感じなんですか」

「そうですね。すでに誰かが証明してくれた定理を理解することを繰り返しています」

「自分で新しい数学を作ったりとか、そういう数学者のような方向には行かないんですか？」

うーんと少し唸《うな》ってから、松中さんは答えた。

「やっぱり自分で定理、作りたいですけどね、数学者になりたいですけどね。でも、数学者は若い頭じゃないとできないというのがあるので。実際若くして研究成果を挙げたら、あとは教育に回るというのが多いそうです。それからおそらくですね、数学の定理を作るって、努力したからできるってものじゃないんです。天性のものだと思います」

淡々《たんたん》とした言葉だった。

「僕はいわばただの数学好きなので、だからどこかで『数学はもういいか』とならないといけなかった。能力がそんなにあるわけじゃないので。数学者も努力はされてると思いますけれど、天性のものの方がでかいと、勝手なイメージを持ってますね。できる人ってもう、子供の時からできるんで。『ゼータ兄貴』とかいるじゃないですか、彼はもう、超が何個もつくくらいの天才だと思います」

――ゼータ兄貴というハンドルネームの彼、知ってますか。彼はすごいですよ――

そんなことを「和《なごみ》」を運営する堀口さんからも聞いていた。彼はゼータ関数という数学の一分野にふと興味を持ち、独学で勉強を始め、あっという間に大人顔負けのところまで理解を進めてしまっているという。その理解力、成長速度が尋常《じんじょう》ではないのはもちろん、まだ中学生というところがすさまじい。

「彼は数学を始めて一年二年で、もう遥かに僕より上のレベルなんです。なんかもう、持ってるものが違いすぎるなって思いますね」

「そこに何か嫉妬《しっと》とか、そういう感情はあるんでしょうか」

「いや、全くないですね。ただただ、尊敬です」

返事はあっさりとしていた。葛藤《かっとう》を経て今は悟《さと》りの境地にあるとか、そういうわけでもなさそうだった。

「やっぱり、数学はどんなレベルの人でも楽しめるからだと思います。僕は僕で、すごく数学を楽しんでいるので」

「えっ、どんなレベルの人でも楽しめるんですか？」

「そうです。算数レベルの人も、算数の本を解いて楽しい人は楽しいですし、高校レベルでも、センター試験の問題を解いて楽しいって人はいます。僕はちょうど大学くらいのレベルですね。大学の教授なら、すごく難しい定理を生み出すのを楽しんでいると思います」

誰かが勝てば誰かが負ける、そういうものではないのだ。

「しかもどのレベルの人も、『難しい』って言ってると思います。みんなそれぞれのレベルで『難しい』し、『数学、わからない』と思ってるはずです。『数学わかる』って人がいたら、その人はたぶんわかってないと思いますね。ある意味みんな、同じ土台に立ってるんです」

「その難しいとか、わからないのが、嫌《いや》ではないいんでしょうか」

「嫌じゃないです、僕は全然嫌じゃないいんです」

松中さんはとても真剣な顔で首を横に振った。

「何度壁にぶつかって跳ね返されても、なぜか何回も挑戦したくなるんですよね。なんか、愛着みたいなものだと思います。好きなんですよね、愛してる」

数学とはたぶん離婚しないと思います。

満足げにそう微笑む松中さんを見ていると、何だかこちらまで嬉しくなってきてしまい、

「末永くお幸せに」と言いたくなってしまった。

「ただ数学って、やけに嫌われるじゃないですか」

寂しそうに松中さんは俯《うつむ》いた。

「僕は音楽とか絵画と同じように、数学は一つの趣味として扱われてもいいと思うんです。

別に美術に詳しくなくたって、街中で素敵な絵とか見たら心がほっとするじゃないですか。あんな感じでちょっとした数式を見た時に『あ、いいな』って程度に心の隅っこに、数学を住まわせてやって欲しい。僕の目標はそういうところです」

「確かに数学と聞くだけで、嫌がってしまう人は多いかもしれませんね……」

「もう完全に無視しようとする、拒絶しようとする人がいるんです。それが本当に悲しい。話すら全く聞いてくれないんで」

数式アレルギーを持つ編集の袖山さんが、やや気まずそうにしている。

「数学の花畑があるとして、僕はこっち側——花畑の方にいるんです。でも大きな岩があって、向こう側の人からは花が見えない。誰もこっちの世界を見ようともしないし、そもそも見えないと。だから僕はこの岩を取り払いたいんですね。こっちに来てとは言わない、せめて、花畑が見えるようにしたいんです」

「花畑、私も見たいです。見られるものなら」

ぐいっと身を乗り出す袖山さん。そう、彼女とてただ数学を嫌悪しているわけではない。ただ、どうにもとっかかりが見いだせないまま今日に至っているだけなのだ。

松中さんは頷き、「じゃあ……」と一つ数学の話をしてくれた。

「正規数《せいきすう》って知ってます？」

袖山さんはぱちぱちと瞬《まばた》きしてから、首を横に振る。

「ある数字列内の、長さの同じ数字列が現われる確率はそれぞれ等しいという概念です。と言っても難しいので、例を挙げて説明しましょう。たとえばこういう数字列、0.235711317……これは素数を順番に、無限に並べたものなんですけれど、これは正規数だと証明されているんですね」

せっかく前のめりになったのに、少しずつ後退していく袖山さん。彼女を引き留めるように、松中さんは続けた。

「ということはですね、袖山さんの電話番号がこの中に絶対あるわけなんですよ」

「えっ？」

「二宮さんの電話番号も、僕の電話番号も絶対あるんです。袖山さん、二宮さん、僕の電話番号を順番に繋《つな》げた数もあるんですよ。この数字列のどこか、ずっと先の方かもしれないけど、とにかくどこかに必ず」

「すごい！」

「それどころじゃないですよ。どんな数字列もあるんです。文字コードってわかります？文字を数値で表現する方法です。たとえば『あ』は『00』、『い』は『01』、のように文字と数字を対応させておくんですね。こうすると、どんな文章も数字列として表現できます。

デジタルデータとして処理できる。僕たちがメールでやり取りする文章や、テキストファイルなんかは文字コードの塊《かたまり》なんです」

「え？　ちょっと待ってください。文章が数字列ということは」

「はい、つまりどんな文章も、数字列としてこの中に存在しているんです。シェイクスピアの作品も、チンパンジーに適当にキーボードを叩かせた文字列も、人間の歴史を全部書いた書物も、誰かの秘密の日記も、この数字列のどこかに必ずあるんです。どんなに長いものでも。それが証明されているんです。やばくないですか。素数と無限って、やばいんです」

　僕と袖山さんは顔を見合わせる。

「このインタビューを元に、これから書く原稿も……」

「すでに、あることになりますね」

　ぴょんと飛び上がり、袖山さんは手を叩いた。

「すごい。見えました！　花畑」

「面白いですよね。この花畑に足を踏み入れると、結構深くて、のめり込みすぎちゃうので危険かもしれないんですけれど。入りたかったら、自己責任でどうぞと。入れと強制するようなものじゃないんで」

　そう言うと、松中さんは穏やかな表情で、花畑の中からこちらを見ていた。

★楽譜が読めなくてもピアノは弾ける

数学と長い時間をかけて関係を育み、ついに人生を共に歩む決意をしたのが松中さんだとしたら、ゼータ兄貴は青春のただ中にいる。彼はまだ、数学に出会ったばかりだ。

「時期的に言えば、二〇一六年の七月くらいですかね。同じクラスに数学オリンピックに取り組んでいる人がいまして。彼と話しているうちに数学というのは結構面白いのかな、と思ってインターネットで検索してみたんです。そこでゼータ関数について書かれたブログ記事を見つけまして。興味を持って読み始めたのが始まりで、今に繋がっています」

幻冬舎の会議室で向かい合ったゼータ兄貴は、まだ中学二年生とは思えない、ひどく大人びた話し方をする。外《そと》はまだ寒いが、春めいた光が時折《ときおり》差し込んでいる。やや伸び気味な黒髪の隙間《すきま》から、利発そうな瞳が僕を見つめていた。

「たとえば大学の数学をやるのであれば線形代数とか、位相《いそう》と集合とか、そういった基礎的な分野をやってから難しい課題に取り組んでいくと思うんです。でも僕はそうじゃなくて、自分が本当に面白いと思った場所だけを数学していく感じでやっています」

「基礎を固めてから、というやり方ではないんですね。でもそれだと、途中でわからなくなってしまうんじゃないですか」

「それがですね、僕のやり方にぴったりの本があったんです。インターネットでブログを読みあさっていた頃、最初に親が買ってきてくれた『ゼータの冒険と進化』という本なんです」

鞄《かばん》から取り出して見せてくれた。この連載の最初にお会いした、黒川信重先生の本だった。

「黒川先生の書いている本は、たいていすらすら読めて、理解できるんですけれど。かなりわかりやすく書かれているんです」

ゼータ兄貴が俯くと、軽く頭髪が揺れた。

「僕はこの本、今でも定期的に読み返していて。ゼータ関数というのが現代数学には広く溢《あふ》れているわけなんですけれど、それについて網羅的《もうらてき》に詳しく書かれているんです。だから今どれくらいまで自分の勉強が進められているのか、目安にすることができるんです」

良書に出会えたのが、ゼータ兄貴にとっては大きかったようだ。しかしこの本、僕も買って読んでみた。確かに数学書にしてはわかりやすく書かれている方だと思うが、それでもすらすら読めるとまではいかない。

ゼータ兄貴はやはり特別な何かを持っているのだろうか。

「数学に出会うまでは、どう過ごしていたんですか」

「そうですね、何やってたんでしょうね……」

首をひねるゼータ兄貴。

「僕もよくわからないんですよね。別に中学一年生の前半の数学は、得意だったわけでもないですし。算数もそんなに得意じゃなかった」

「趣味はありましたか？」

「ピアノとか。けん玉とか。そういうやつです。けん玉は四段くらい持ってますけど」

「小さい頃からピアノ教室に通っていたとか……」

「いえ。教室は行ったことはありますけど、三日でやめたんです」

「じゃあ習ってないのに、弾けるんですか」

「そうですね。よくわからないんですけど、なんか弾けるんです。だから楽譜も読めないですし」

「どんな風に弾くんですか」

「自分の好きな曲を弾いたり。学校の昼休みとかに」

あっさりと言ってのけるゼータ兄貴。要するに聞いた曲をそのまま弾ける、鍵盤《けんばん》の上で再生できるということらしい。楽譜とか音楽理論とか、そういった基礎を全部すっ飛ばして、彼は核心に入っていけるのだ。

「ピアノ教室をやめたのも、なんか椅子の座り方とか、手の形は卵を握るようにしなさいとか。そういうのが、まあ」

「面倒くさかったと」

「そうですね。けん玉もそうだったな。膝《ひざ》を曲げるの嫌でしたね。膝を曲げるのがすごく大切だと言われるんですけど」

全て自己流でやりたいらしい。しかし数学と同様、基礎をすっ飛ばして進んでも彼は転ばない。いきなり高く飛べない者のために階段はあるわけで、彼の能力からすれば基礎のステップを一段ずつ上るなんて、煩《わずら》わしいだけだろう。

「じゃあ、今学校でやっている数学はどうなんですか」

「学校でやる数学って、ある意味基礎の基礎くらいじゃないですか。だから本当に面白くないというか」

「テストで点は取れますか」

「いや、あんまり取れない……」

現代数学の最先端の一つ、ゼータ関数について自分でどんどん勉強を進めている彼が、学校のテストで点を取れないとは。

ゼータ兄貴はぼそりと呟《つぶや》くように言った。

「なんか、学校って何で行ってるんだろうって最近思い始めていて。別に自分、学問に興味ないってわけじゃないんです。それなのになんだろう……何かよくわからなくなっちゃいましたね」

★万物は数学、数学は万物

「最近はいろんなことに興味がありすぎて、時間が足りないのが辛《つら》いですね。睡眠時間も二時間くらいですし」

ゼータ兄貴が没頭しているのは数学だけではないという。

「物理にも興味ありますし、最近は言語も勉強し始めたり。最終的には数学がやりたいのかなとは思いますけれど。あんまりわからないです」

今日も語学の本を持ってきていて、見せてくれた。

「これはノルウェー語で書かれたラテン語に関する本で、古本屋で見つけて思わず買っちゃいました。最初は英語を、数学の論文を読むために勉強し始めたんです。で、数学の論文ってて英語だけじゃなくていろんな言語で書かれているので、フランス語とか、ドイツ語とかもやるようになって。去年の十月くらいからは、急にフィンランド語に興味が出たんですよね」

「フィンランド語？　なぜでしょう」

「なんか音が可愛いんですよ」

ゼータ兄貴は真面目な顔を崩さぬまま頷いた。

「たとえば『少年』はフィンランド語で『ポイカ』と言うんです」

あ、確かにちょっと可愛い。

「とても綺麗な音声を持っている言語なんですね。その背景にある言語学的なものが面白くて。同じ北欧でもスウェーデン語とかノルウェー語、デンマーク語って似ているんですけれど、フィンランド語はそれらとは語族が違うんですよ」

初めは論文を読むためという実用的な目的があったが、今は本当に楽しいからやっているそうだ。

「ゼータ関数にも似たところがあるんです。数学の別の分野で、似たゼータ関数で、似た定理が似た手法で証明できるんですよ。そういう類似が、僕は結構好きなんです。たとえば北欧の言語って古ノルド語が背景にあるんです。似た者同士の言語たちの背景には、そういう統一的な、元となるものがあったりして。それがゼータにも言えるというか。いや、それがまたゼータなのかもしれません」

松中さんの話を思い出す。「こんなところにπが出てくるのって不思議じゃないですか」。あの感覚と同じものを、ゼータ兄貴も感じているようだ。

「なるべく言語という存在自体を忘れて、外国語をするということを僕は心がけています。一回日本語を経由して外国語に直したり訳したりしていると、時間がかかってしまう」

彼は怒濤《どとう》のごとく話を続けた。

「英語で論文を書く時に冠詞《かんし》をつけるかつけないか、theをつけるかつけないか、そういうことで困っている人もいるそうですけれど。そんなところは全然本質的じゃなくて。重要なのは、自分の伝えたいことを細かく区切っていって、数学的な言葉で言えばある種、組合せ論的な手法によって文章を再構成して、相手に伝えることなんですよね。問題は語学力にあるのではないと思います。大切なのはむしろ言語を完全に忘却した状態で、表現しようとしている論理構造を適切に分析し、整理すること」

音楽の本質が楽譜にないのと同じだ。言語の本質もまた、冠詞とか文法にあるわけではない。ゼータ兄貴の目は、本質の方へ、より深い方へと向いている。そこにダイレクトに手を伸ばすことができ、実際に手が届く。

楽譜を読むことなくピアノを弾き、音の美しさに惹かれてフィンランド語を学び、基礎をすっ飛ばしてゼータ関数を考えることができる。

松中さんはゼータ兄貴の才能を賞賛していたが、彼の何が一般人と違うかと言えば、奥に潜っていける、その純度なのかもしれない。

それにしても彼の話を聞いていると、おかしな錯覚にとらわれる。

数学の奥の方に手を伸ばしていくと、何か本質的なものに手が触れるらしいことがわかってきた。松中さんを虜《とりこ》にしたように、それは人を魅了する何かだ。

問題は、その本質的なものが言語や音楽にもあるらしいということだ。

——数学の考え方は、言語や音楽を学ぶ上でも役立つ。

そんな表現でまとめたくなってしまうところだが、どうもゼータ兄貴の言わんとすることはもう一段先のようなのである。

奇妙な表現になるが、こんな言い方が近いだろうか。

——言語も音楽も、もちろん数学すらも、数学である。

ゼータ兄貴はこんなことも言っていた。

「美術作品って、なんかある意味、昔の人々の数学的な予想じゃないかと思っていて。その時代では表現できなかった数学を、ああいった形で残したんじゃないかと。まあ、それくらい、数学というのは広い言葉なんじゃないですかね。冷静に論理的に考えていくことが数学だというか。人によって違うとは思いますけれど、僕はそうだと思います」

そんなことを言ったら、僕たちはみんな数学をしていることになってしまう。およそ人のやっていることは全て数学的だと、彼は言いたいのだろうか。

「もしかしてゼータ兄貴は、言語や数学というよりも、人について勉強しているんですかね」

僕の質問に一瞬だけゼータ兄貴は首をひねった。だが、すぐに答えた。

「いや、でもそれもまた、人も数学なんじゃないですか」

「人」よりも「数学」の方がでかい概念だと考える、そんな人間が存在することに僕は衝撃を受けた。

「よく、わからないですけれど」

やや困ったように瞬《まばた》きするゼータ兄貴。はっと僕は息を呑んだ。相手が中学二年生だということを、すっかり忘れてしまっていた。どうやら少し結論を急ぎすぎたかもしれない。

「今は何か問題を解くとか、新しい数学を作るとかそういうもののためではなくて。自分の考えを形成していく手段の一つとして、数学や言語とか、勉強している感じですね」

彼はまだ、数学と一緒に歩き始めたばかりである。

★答えが一つしかないから、押しつけられない
松中さんとゼータ兄貴、二人と話をして思ったのは、数学と一緒の生活もなかなか楽しそ

うだということだ。数字や理屈漬けの無味乾燥な毎日を想像していたが、そういうわけでもない。松中さんは数学を美術や音楽と同じように捉《とら》えていたし、ゼータ兄貴も言語やその土台にある文化などを学び、豊潤《ほうじゅん》な日々を過ごしている。

どうしてその二つが両立するのだろうか。彼らを見ていると、あの冷たい数式にどこか体温が宿っているように感じるのはなぜだろうか。僕はもやもやと考えながら、松中さんとの話を思い返していた。

「国語が苦手なんですよ」

眉《まゆ》を八の字にして松中さんは言っていた。

「『この時の主人公の気持ちを説明せよ』というような問題が出るでしょう。でも僕は、考え方なんて人それぞれじゃんって思うんです。だって国語の先生が国語のセンター試験で満点取れるかというと、取れないですからね。そういうところが苦手な理由です。数学だったら、僕はたぶん満点取れるんです」

「国語は、著者でも答えがわからない問題があるらしいですよね」

「はい、そういうのはほんと、うん。ちょっと馴染《なじ》めません。正解がどこにあるのかわからない。数学では出発点はここにしましょうってきちんと決めるので、ちゃんと議論したらどっちが正しいかわかる。そこが好きです」

確かに人間、答えを押しつけられるのは嫌なものだ。

しかし、待って欲しい。数学こそ答えが一つしかないじゃないか。それも有無を言わさぬ理屈で証明されて突きつけられる。窮屈《きゅうくつ》さは数学でも国語でも同じなのではないか。

そんな僕の疑問は、松中さんとのやり取りの中で氷解《ひょうかい》していった。

「数学の美しさって、どういうものなんですか。景色とか、そういう美しさですか」

「景色というのは山とか太陽、地球が作ったものなので、数学はその一歩先だと思います。数学は地球がなくなっても残るものだと思ってるんです、僕は。そういう普遍的なものだと。だから不思議ですよね。山とか太陽はちゃんとそこに存在するのに、数学って実体はどこにもないんですよ。こんな美しいものなのに、一体どこにあるのか。なんか紙に書いたら出てくるわけですけれど」

「でも、それは人間の脳みその中にあるだけなのでは。だから全く別の思考体系を持つ宇宙人には数学が通じないのでは？」

ちょっと意地悪なことを僕は言ってみた。神話に矛盾《むじゅん》を突きつけられたように、一瞬松中さんはひるんだ。

「ううん。そのへんは難しいですよね。宇宙人にとってはピタゴラスの定理が成り立たないってこともあるかもしれない。それは確かに、少し怖いですね……」

しかし、すぐにきらきら光る目で僕を見つめ返す。

「でもそうなったらそうなったで、なぜそれが成り立たないのか、考えられると思います。宇宙人とはそもそも根本の公理が違ったからだとか。うん、数学はまだまだ楽しめると思いますね」

ああ、そういうことか。

様々な情報が僕の中で一つに繫《つな》がった。

数学の答えが一つなのは、人に押しつけるためじゃない。価値観の異なる存在同士が、それでも何か一つ、共通の答えを見いだすために編み出した技法が、数学だからなのだ。

僕たちはみな、互いにかけ離《はな》れた存在である。ゼータ兄貴も松中さんも僕も、価値観も能力も全く違う。時には宇宙人と同じくらいの距離感があるかもしれない。だが、事実を悲観するのではなく正面から受け止めたうえで、そんな人間同士で手を繫ぐにはどうしたらいいか考えたのが、数学者だったのではないか。

そして決まりが作られ、表現するための数式が生まれた。事実を一つ一つ積み上げて、真《しん》摯《し》に心と心の間に論理の橋を築いた。

そもそも数学の本質が深く考えることだとするなら、数式なんていらないのだ。ゼータ兄貴に楽譜が必要ないように。それでも数式がこの世に存在する理由はたった一つ、誰かとわかり合い、分かち合うためである。

拒絶するような冷たさに満ちたあの数式は、本当は僕たちに差し出された掌《て》だったのかもしれない。

花畑を見つけた天才たちからの。

その2

美しき数学者たち

8 数学は嫌いになるはずがない、自分そのものなんだから

津《つ》田《だ》一郎《いちろう》先生(中部大学教授)

ロマンティック数学ナイトをきっかけに、僕は数学の裾野《すその》の広さを知った。数学はいろんな人に愛されているし、それを自分の人生のすぐそばに置いている人も少なくない。

一方で、改めて数学者というのは特別な存在なのだと感じた。なろうと思ってなれる職業ではないのだ。堀口さんも、タカタ先生も、松中さんも、他の道を探した。数学について知れば知るほどそのすごみが見えてくる。

僕たちは数学者に会いに行く旅を再開した。今ならもう少し、彼らのことがわかるかもしれない。

★数学者は背中に出る

「数学者はね、歩く姿を後ろから見ていても、ああ数学者だなってわかるんですよね」

津田一郎先生の研究室には穏やかな時間が流れている気がする。中部大学春日井《かすがい》キャンパスは緑に囲まれた高台にあって、中でもこの研究棟は見晴らしが良く街を一望できた。室内には本棚がずらりと並べられ、そんなに広くはないが気持ちが落ち着く。それは津田先生の物静かな話し方とも無関係ではないだろう。

放課後に図書室に行って司書の先生と話すような気分で、僕は父と近い年齢のカオス理論研究者、津田先生にインタビューをしていた。

「たとえば名古屋大学で学会があるとするじゃないですか。いっぱい学者がいるわけだけど、ああこの人は数学会に来た人だなとわかる」

「仕草なんかで判断するんですか？」

「歩き方とか、バッグのかけ方とかですね。こう、きちんと両肩にかけて、まっすぐ歩いているつもり。目的地に行くぞ、という風情が背中に出ているんです。自分はこういう目的で、この角を曲がって、こっち行って、大学に入るんだとか。寄り道するとしても、そこに綺麗な花が咲いているからそれを見に行くんだとか。一つ一つオーラが出ているというか、明確なんです」

「確固たる意思を持って、寄り道をするわけですね」

「そうです。物理学者はそういうのはないですね。ランダムウォークに近い」

もともと物理出身である津田先生には、違いがよくわかるという。

「あとは黒板の使い方。チョークの持ち方、文字をはねるそのはね方、いかにも数学者然としているんです。数学会のような場所では、我々応用数学はスライドを使うことも多くなってきましたが、代数のセッションなんかを覗《のぞ》くといまだに黒板にガーッと書いて証明してますね。あの感じは物理にはない」

「黒板をただ道具として使う、というのとは違うんですか？」

「魂が入っているんですよ。黒板にチョークで書くことと、思考することが一体化してしまっている。何かが乗り移って神がかり的になるんです。そのまま黒板の中に消えていってしまうんじゃないか、というような印象でね」

見ているだけでも楽しいですよ、内容がわからなくても。

そう言って、津田先生は柔和《にゅうわ》に微笑んだ。

数学者という言葉にはいろいろなイメージがつきまとう。変わり者、真面目、数字が異様に好き、ストイック、人嫌い……偏見もあるとは思うが、そんな印象はどこから出てくるのだろう。

聞いてみると、津田先生はやや眉根《まゆね》を寄せた。

「とにかく一切《いっさい》、人に会いたくないという人はいますね。もちろん全員ではありませんが。そういう人は、自分の時間を邪魔されたくないんですよ」

「でもそれじゃ、仕事が成り立ちませんよね」

「うん、だから困った人ですよね。何にもやりませんって言うんですよ。言い張られちゃうと、こちらも無理にはさせられないでしょう。委員会などの仕事は他の人がかぶるとしても、『授業くらいはやってください』とある先生が言ったんですよ。一応了解してくれたんですが、ダメなんです」

「ダメとは？」

「授業を忘れているんです。あまりにも集中しすぎて、その時間に来ないんですよ。結局その先生、大学は向いていないということで研究所に行かれましたね。やる気は満々なんですけど、授業の前に考え事を始めたらもうダメ。その世界に入っちゃって、出てこられない」

「すごい集中力ですね」

「実験室とか研究室とかいうと、〝外《そと》にあるもの〟だと思いますよね。でも数学という学問では、頭の中に実験室があるんです。他の学問と比べても、内側への意識が強い、自分の中に向かわざるを得ない。人付き合いが悪い、と言われても致し方ないところがあるんですよね。だから時々変わった人はいます」

「たとえば、どんな人ですか」

「講演でも講義でも、それが天皇陛下の前であっても、必ず自作の歌を歌うとかね。その人の作った素数の歌というのがあって。その方、立派な先生なんですよ。天皇陛下にお会いしたのも、何か賞をもらった時だと思いますから」

啞然《あぜん》としてしまう。無邪気な子供のようだ。

「本人に悪気はないんですよね」

「そう、悪気は全くない。意図的にサボるとか、意地悪でやっているとかじゃないんです。数学者で悪気がある人って、滅多《めった》にいないですよ。研究者としてはそういう人が一番少ない分野じゃないですかね」

「何だか平和そうだなあ。喧嘩《けんか》もないですか」

「喧嘩はありますよ。見解の相違や誤解から感情的になることも。数学者ってピュアなだけに、思い込みが激しかったりしますから。一度この人は悪と決めたら、そう簡単には覆《くつがえ》らない。喧嘩したら修復が難しいタイプかもしれませんね、数学者って」

「数学者って、対立しても冷静に議論するのかと思ってましたが……」

「意外と冷静じゃないです。もちろん文脈によってというか、意味のない喧嘩はしませんけど。その人にとって大切な部分で誤解があると、こじれちゃいますね」

自分の気持ちに正直、ということなのだろうか。津田先生はじっと僕を見つめながら頷いた。

「数学という学問は、誠実という言葉が非常に当てはまる学問だと思います。インチキは絶対できないから。やろうとしてもできないようになっているんです。誠実にならざるを得ないし、誠実にやれない人はたぶん、数学者には向いてない。だから数学者は変わった人も多いけど、基本的に誠実です」

確かにこれまでお会いしてきた方も、そういう印象だった。やり取りがうまくいかないとしてもそれは伝え方の問題や、こちらの知識不足が原因であって、嘘《うそ》をつかれるとか、誤魔《ごま》化《か》されるようなことは一切なかった。

しかしどうして、そんな誠実な世界ができたのだろう？

★数学の最初は〝心〟の問題だった

津田先生は面白い話をしてくれた。

「たとえば幾何学はナイル川流域の区画整理から生まれたと言われています。と言うと実用的な気もしますけど、区画整理する必然性って実はそんなにないんですよ」

「え、そうですかね？」

ふふふと津田先生が笑う。

「だって、放っておいたっていいじゃないですか。でも人間は隣の土地と自分の土地と、比べてこっちの方が大きいとか、こう違うとか、いろいろと言いたくなるものだと思うんですよ」

「実用性ではなく、純粋に言いたくなると。でもそれはちょっとわかりますね」

「そうするとじゃあ確かめてみるか、しかしどうやって測る、という話になる。そこから幾何学が生まれたんですね。また、土地など不規則な形の大きさを測りたい、という欲求から面積を測る『取り尽くし法』が発明され、積分概念に発展しました。取り尽くし法は細い短《たん》冊型《ざくがた》、つまり長方形の面積の和として図形の面積を定義するもので、今でも学校で習いますね。解析学はここから始まったと言ってもいいのです。だから元をたどれば、最初は〝心〟の問題じゃないかなと」

「先に心があった、ということですかね」

「代数もそうです。ものを数えるというのは実は非常に難しい概念なんですよ。たとえば椅子を数えるとしても、椅子はみなちょっとずつ違うわけです。それを同じものと見なして、

1、2、3と数える。椅子をどう定義するかって難しいんですけれど、なんとなく我々はこういうものを椅子と見なして、数えている」

津田先生は部屋に置かれている椅子を指さした。確かに、椅子の定義なんてものは知らない。なんとなく椅子は椅子だと思っている。

「でも椅子と机が一緒に置かれていたとして、椅子も机もごっちゃにして1、2、3とは数えないでしょ。いやもちろんそう数えてもいい、別にいいんだけれども、なんとなく気持ちが悪いものです。だから数を数えるという行為の前に、我々はカテゴリー分けを行っているんですね。そのカテゴリー分けは、厳密な決まり通りにというよりは、なんとなく行っている。人間共通の心の仕組みみたいなものがあって、それに従ってやっているんです。これは代数学で言う『群』の構造なんですね。これをもう少し厳密にやっていくと、いろんな代数が出てくるんですよ」

「ええと、つまり僕たちは知らず知らずのうちに毎日、数学をやっているということになるんでしょうか」

「うん、人間の認知構造こそが数学になったんです。そういう心理学的なものだと言ってしまうと反論する数学者もいると思いますけれど。一番最初のプリミティブなところを考えると、そうだと思います。だから数学というのは本来、何か対象を記述するための言語ではなかったんですね」

「人間の『物の見方』そのもの、ってことになるんですか？」

「うん、数学は何かのために作ったわけじゃないんですよ。心の赴《おもむ》くままにやったものなんです」

授業をやりたくないとか、素数の歌を歌いたいとか。隣の土地と比べたいとか、俺はこれが椅子だと思うとか。そういう、理由はよくわからないけれどとにかくこうしたい、という素直な気持ちこそが数学の始まり、そう津田先生は言うのである。

「でも、じゃあ人間の思考には、全部数学が含まれている、ということになりませんか？」

おそるおそる聞いたが、津田先生は即座に肯定した。

「なると思います。心は数学です」

「詩を作るとか、絵を描くとかも全部数学ですか」

「はい。たとえば絵であればそれは脳の視覚表現ですよね。情動と、視覚情報の処理などといったメカニズムが組み合わさって表れてくるものです。それは全て、数学的にモデルを作ることができる。美の背後には心の表出があって、心の表出の背後には数学的な構造が、必ずあると思います」

ううむ。少し考え込んでしまう。

僕にとって数学は、国語とか英語とか世界史なんかと同じ、教科の一つに過ぎなかった。数学の教科書を開いていない時は、数学はしていないはずだった。

しかし津田先生と話していると、数学は遥かに根深く僕たちの思考に関わっている気がしてくる。言われてみれば、そうかもしれない。

国語の試験中でも、三百文字以内で答えを書け、なんて問題は当たり前のように顔を出す。文字の「数」を考えるのは数学的である。この問題は配点が大きいとか小さいとか、あいつよりいい点を取りたいとか、そういう「多寡《たか》」も数学。合コンで男女が均等になるような「組み合わせ」とか、昨日より今日は仕事をしたくない「比較」とか、人が考えることは何でも数学なのかもしれない。普段、意識していないだけで。

「だから数学が嫌いとかそういうのはね、やっぱり教育の問題だと思います。本来、嫌いになるような対象ではないんです。だって、その人そのものなんですからね」

素朴で素直な、人の心の核《かく》。それが数学であり、そこに深く潜《もぐ》っていく人が数学者だということらしい。そんな彼らが誠実で、邪心《じゃしん》がなく、自分の気持ちに正直なのは当たり前かもしれない。

だから数学者は、時としてまるで子供のように純粋に見えるのだろう。

彼らが変人に見えるとしたら、変わってしまったのは僕たちの方なのかもしれない。

★キッチンはカオスだらけ

「何かのために作ったものじゃないからこそ、数学というのはいろんなところに使えるんですよ。汎用性《はんようせい》がある」

次第に日が傾き、空が紫《むらさき》に変わっていく中で津田先生は続けた。

「それは経済学かもしれないし、物理学かもしれない、化学かも、生物学かもしれない。ありとあらゆるものに応用が利く。これが物理の理論だと、原則として物理現象にしか使えないんですよね。物理の理論で全く別の、たとえば生物の何か行動を表現しようとしても、なかなかうまくいかないものなんですよ」

津田先生が物理の世界から数学の世界にやってきたのも、それが一つの要因になっているそうだ。

「僕はカオスというものの研究をしていますが、これがきっかけだった。カオスをどう理解するかとなった時、物理の世界には現象の実験はあっても、理論はなかったんです。でもね、数学にはちゃんと用意されていた。関連する論文が、それはカオスと銘打たれていないものも含めて、すでにあったんです。数学者は別にカオス現象を説明するために理論を作ったんじゃないんですよ。力学系という研究分野の中で、そういうものが出てきたということのようです。だから、僕は結局数学をやるしかなくなった。一度諦《あきら》めた数学を」

「え、諦めたんですか？」

「そうです。僕は高校の時に自分には数学の能力がないと見切りをつけたんです。それで物理に行ったんですよ」

　数学を好きになった理由は、人間が嫌いだったから、という津田先生。

「大人は嘘《うそ》をつく、というのが直感的にわかりましたしね。社会というものが、自分の中の合理性にそぐわない部分があった。小学校の頃かな、口の中にぶわーっと風船が膨《ふく》らんで、それをグッと押し潰《つぶ》す、そんな感覚があって。今思えばストレスだったんでしょうね。でも、数学をやっている時だけはそれがなかった。僕にとって数学は、心を落ち着かせるためのものだったんですよ」

「見切りをつけたのは、どうしてですか」

「それはね、やっぱり友達です。すっごく数学センスのいい友達がいて、毎日のように数学の議論をしていました。敵わないと思ったんですよね。彼は今、高校の先生をやっているのかな」

「あ、数学者じゃないんですね」

「大学に残れと言われたみたいですが、断ったようです。数学者にはなりたくない、と。僕も『お前くらい能力があれば数学の世界でいくらでも飯を食えるから、やれば？』と言ったんですけどね。数学者になって人間として狭《せま》くなるよりは、もっと広く多くの人に影響を与えたいと……」

その潔《いさぎよ》さは、数学に関わる者らしいと思った。

一方、津田先生は物理の研究者になった後、数学の世界に再び帰ってきた。

「先生を虜《とりこ》にした、カオスというのはどういうものなんですか？」

「カオスは、方程式の解《かい》なんですよ」

「学校でやった一次方程式とか二次方程式とか、ああいうものですかね」

「その仲間です。ただその解を、いわゆる我々が知っている初等関数では書けないんです。解があるのはわかっているんだけど、書けない」

「書けないというのは、どういう……」

「いや、文字通り不可能なんですよ。表現できない。でね、じゃあ数値的には計算できると思いますよね。曖昧《あいまい》さは何もないはっきりとした方程式だから、数値計算すればいいはず。ところが数値の誤差が少しでも入ると、エラーがものすごく大きく広がっていくという性質があるんです。だからその解がどうなっていくのか、ほとんど予想がつかないんですよ」

「数字の計算で、エラーが起きるものですか？」

「本来なら無限の精度でやらなきゃいけないところを、有限精度でやるからですね。計算の中で小数点以下何桁、とかで切っちゃうでしょ。計算機で計算するとしても、プログラムの中で何桁目を四捨五入するとか、切り捨てとか、決まっているわけです。結果に大きな影響が出ないのならそれでいいんですが、カオスの場合はそのちょっとした誤差がとてつもなく大きな影響を及ぼして、エラーだらけにしてしまうんです。何が本当の解だったのか、全くわからなくなってしまう」

式はちゃんとある。計算もできる。しかし、実体は摑めない。何だかお化けみたいな概念だ。

「英語でchaosというとcrazyみたいな意味合いになりますけれど、ただめちゃくちゃというわけではない。非常に秩序だった構造があるにもかかわらず、計算しようとすると何が本当なのかわからなくなっちゃうんです。確かにそこにあるんだけど、触ると見えなくなるような感覚ですね」

「不思議ですね……そんなものがこの世界にあるんですか」

「それがね、あちこちにあるんですよ。たとえば、そこのお茶」

え？　そんな近くに？

僕は先ほど出してもらった湯呑みを見た。そこには緑茶が入っている。なんということもない光景である。

「お茶、これは緑茶ですから普通は入れないけど、たとえば砂糖を入れるとしましょう。放っておいてもジワーッと砂糖は溶けていって混ざりますけれど、もっと速く溶かしたい時にはどうします？」

「えっと、かき混ぜます」

「そうですよね。その時って、スプーンを入れてガチャガチャガチャッとこう、こねくり回すようにやるわけじゃないですよね。規則的にくるくる、と回しますよね。つまり乱流ではない、綺麗に秩序だった回転をさせるだけですけれど、実はこの時カオスが発生しているんです。シアフローと言うものです」

僕はスプーンでお茶をかき混ぜてみた。底に溜《た》まった緑色の粉がぐるぐる回りながら浮き上がる。今ここにあのお化けみたいなものができているというのか。

「その結果、とても速く砂糖と水が混ざる。つまり混ぜるというのはカオス的な振る舞いを利用しているんです。カオスがあるから僕たちはいろんなものを混ぜられる」

「じゃあ、キッチンはカオスだらけじゃないですか！」

津田先生はそうなんですよと頷いた。

「パンでも、そばでも、うどんでも、混ぜたりこねたりするものは何でもそうです。刀鍛冶《かたなかじ》が刀をトントンッて叩くのも、実は同じようなものなんですね。でもこれは昔から人類がやっていたことです。カオスの数学が明らかになってきて、この混ぜ方は非常に合理的なものだったということが、ようやくわかってきたんですよ。だからカオスというのは一時の学問的な流行のように言われたこともあるけれど、そういったレベルのものではないですね。かなり普遍的なものだし、当たり前のものでもあるし、概念としても深い」

普段何気なく行っていたことが、実は最先端の学問にも繋《つな》がっている。心から始まった数学が、また心に行き着いたような気がする。心が数学になり、数学が心に繋がり、そうして少しずつ少しずつ、人間は自分を知るために歩いていくのだろうか。

「カオスを理解したいというのが、研究者になってからは一番のモチベーションでしたね」

津田先生は慎ましやかに、ぽつりとそう言った。

★あなたのカオスはどんなカオス

「カオスはね、体系が一つではなくたくさんあるんです。もう山のようにあります。だから定義も難しいですよ。人によって違いますからね。定義は一つしかないと思ったら大間違いで、『これをカオスと呼びたい、私の心はこのカオスを選ぶ』とするわけですよ。別の先生は『いや、俺の心は違う』と別の定義を選ぶ。そんなことやったら数学は混乱すると思われるかもしれないけど、しない」

「え、どうしてですか？」

「ちゃんと『私はこういう定義をします』と言えばいいんです。その前提のもとで話をすれば、曖昧にはならない。そういう自由さは数学の良いところだと思いますね。はっきりしているけど、自由」

「じゃあ僕が、全く見当違いのことを『カオスと呼びたい』と主張してもいいんですか」

「ああ、いいです、いいです。それはその人のカオス。それはそれでいい」

なんと、許されてしまった。津田先生は表情をあまり変えない方だが、時々びっくりするくらい無邪気に笑う。

「定義なんていくらあってもいい。あと、やっぱり受験数学のためかよく誤解されているのは、証明が一つだと思っている人がいるんです。これも、いっくらでもある。人の数だけあっていい」

「確かに受験だと、公式を暗記するとか模範解答を学ぶ、という方向で勉強しますね」

「数学雑誌を読むとね、『エレガントな解答を求む』とか普通に書いてありますよ。普通の解答じゃつまんないから、何かこうアッと言わせて欲しいというわけです」

「エレガントさ！　そんなところが重視されるんですね」

「されます。僕もね、『この証明はつまらないから論文に書くな』と言われたことがあります。『君には将来があるから、こんなものを残さない方がいい』ということなんですね。証明ができればそれでいい、というわけじゃないんです。出てくる式なんかもね、僕たちはやっぱりお化けのつくような式が欲しいんですよ」

お化け？

目を白黒させていると、津田先生は付け加えた。

「つまりね、その式が直接言っていること以外の意味を持っていないと、一級品ではないんですよ。別に式として間違っていなくても」

「良い小説の中の一文が、シンプルであってもすごい深みを持っているような、そういうことでしょうか」

「似ているところもありますね。数学というのはとても論理的で、それが透徹《とうてつ》していないとならないけど、意味のない論理展開をしてもしょうがないんです。一つ一つ数学として意味があることをやって、その結果今まで見えていなかったようなことがワーッと見えてくるような、そういうのがいい証明なんです」

ううむ。

僕にとって式とは、「解くもの」でしかなかった。何分以内に解けば点がもらえる、そういうもの。しかし数学者はどうやらそんなところは見ていないらしい。その式の表す意味、表現している「その心」こそが、彼らが扱うものだったのである。

★文学VS.数学

さて、僕は別に数学信奉者ではない。数学のことを知りたがってはいるが、すごいすごいと褒《ほ》めちぎりたいわけではないのだ。だから僕は、このあたりで少し切り込んでみることにした。

「先生はご著書の中で、数学こそが最もよく心を表現している、といったことを書かれていましたが」

「はい、そうですね」

「僕は一人の作家として、文学の方が心の表現としては優れている、普遍的なものだと思ってしまうのですが、そこはどうでしょうか？」

生意気な物言いだったと思うのだが、津田先生は少しもひるんだり、あるいは腹を立てる様子を見せなかった。

「うーむ。数学へのシンパシーの違いでしょうかね。本に書いたのは、あくまで僕の主観ですから……」

「たとえば、数学ってわかりにくいじゃないですか。共感を得たり、感情移入したりするのであれば、文学の方がずっと向いていませんか」

「ええそうですね、確かに数学は誰かにとってわかりやすくするとか、そういう発想は基本的にない。だからみんな困るかもしれませんね。でもね、感性を共有するところまで行くことは可能なんですよ。もちろん技術的な難しさはあるけれど、原理的に不可能ではない。数学辞典を見てもらうとわかりますよ」

「え？　辞典ですか」

　津田先生は本棚の方を向き、分厚い数学辞典を指し示した。

「数学辞典ってね、曖昧さがないんです。完璧なんです。わからない数学の概念が出てきた時、辞典を引きますよね。すると辞典の説明の中に、またわからない概念が出てくると思います。でもね、それを何度か繰り返せば、きちんとわかるところまで必ず行き着けるんです。堂々巡《どうどうめぐ》りになったり、途中で迷子《まいご》になることがない」

「右」を引いて、「左の反対」というような説明に行き着き、辞典を放り投げる必要はないということか。

「調べれば、わかるように書いてある。つまり数学というのは、調べればわかるように書ける学問なんですよ。全く勉強していない子でも、辞典さえあればレポートくらいは書けたりします。他の辞典ではそうはいきませんよ。理化学辞典とか、社会学辞典とか、読み比べてみてください。僕は物理だったから理化学辞典は座右《ざゆう》の書でしたけど、読んでわかったためしがない。脳科学辞典なんかもダメですね。専門家が使うならいいけど、素人《しろうと》にはあまり役に立たない。そういったところが、やはり数学の強いところですね」

「な、なるほど……」

やはり相手の理論武装は強固だ。津田先生の半分ほどしか年を取っていない自分が、食らいつくには無謀な相手だったのかもしれない。

「ただ、二宮さんの言うこともわからなくはないです」

津田先生は軽く座り直し、宙を見つめた。

「文学こそが表現として普遍的、優れている、それに僕は賛成とか反対とかはっきりとした答えはないんですけれども。たとえば言語学者のチョムスキーなんかは『言語は宇宙より複雑だ』と言ってましたね」

「え？　宇宙よりも？」

「気、くるうたんかと思いましたけどね、ハハ」

苦笑。津田先生は真剣な顔のまま、時々こちらが脱力するようなことを言う。

「ただ言わんとしていることはわからなくもない。人間の言語って、文脈自由言語ですよね。

そうすると何でもできちゃうことになる。我々は有限の存在だから、人類も有限個しかいないから、生きている間には有限のものしか生み出せない。でもね、可能性として見た時にはですよ。言語体系というのは数学で言う実数、つまり連続体かもしれませんよね」

えっ。これは、何が起きているんだ？　僕は目を丸くする。

津田先生は数学の言葉を駆使しながら、文学について考察している。

「離散的なものであれば文法は決まってくる。ただ、言語そのものは無限にあるかもしれない。それも可算無限のような小さい無限じゃなくてね。だって、言語はどんどん変化していきますからね。発音も、言葉も……今は限定的なものだとしても、少なくとも宇宙と匹敵するだけの複雑さはある。宇宙は自然が作ったけれど、言語は人間が作ったわけです。つまり進化的に後だから、人間が作った言語の方が可能性があると言えます。はい。だから、文学というのはすごい世界だと思いますよ」

証明終了。そんな様子で、津田先生は僕を穏やかな目で見つめていた。

しばらく呆然としてしまった。

津田先生は僕の質問を、受け流したり、誤魔化したりしたわけではない。社交辞令として文学を持ち上げてくれたわけでもない。ただ事実を積み重ねて、その結果行き着いた結論を、端的に返してくれた。だからこその説得力があった。自分の選んだ世界の奥行きを数学の目から教えられ、図らずも僕は励《はげ》まされてしまった。

なるほど。

これが数学の誠実さか。こうやって使うのか。


帰る頃にはすっかり日は沈んでいた。僕は大学生たちと一緒に駅に向かうバスを待ちながら、ぽっかり浮かんだ月を見上げる。

文学には宇宙よりも可能性がある、か。

頑張ろう。小さく拳《こぶし》を握る。

嬉しかった。そして、また少し数学のことがわかった気がした。

9　ちょっと、修行みたいなところがあります

渕野昌《ふちのさかえ》先生（神戸大学教授）

数学には思いもよらない温かさがあった。

その一方で、人を寄せ付けないような冷たい怖さもあると思うのは、僕だけだろうか。数学の専門家に会いに行く時、僕は心のどこかで怯《おび》えている。手も足も出なかったテストの経験や、授業で当てられて答えられず苦しかった記憶がそうさせるのだろうか。とにかく数学について調べる以上、いつかはそんな恐怖に立ち向かわなくてはならないのだ。

その日は正直、一番恐ろしかった。

神戸大学には時間より早く到着したので、学食でいったん休憩する。担当編集の袖山さんも、『小説幻冬』編集長の有馬さんも、一様《いちよう》に口をつぐんでいた。お茶に手を伸ばす気にもなれない。刻一刻と、インタビューの時間が近づいてくる。変な汗が出てきた。

「二宮さん。お役に立てるよう、僕も集中力を高めて臨みますから」

有馬さんと目が合うと、彼は優しくそう言ってくれた。口は笑っていない。僕はぼんやりとした視界の中で考えた。どうして編集長がわざわざ来てくれたのだろう。万が一のことがあった時の応援要員なのかもしれない。幻冬舎によるフルサポート態勢と言えよう。袖山さんはと言えば、持ってきた菓子折を眺めて首をひねっている。

「お土産などは遠慮いたします、と言われてしまったんですよね。でもお渡ししたいし。『みんなで一緒に食べましょう』と言えば、スムーズにいくかなあ……」

僕は質問内容などをメモしてあるノートを開き、目を通し始めた。それは全く自信がないテスト直前の悪あがきに似ていた。


というのも、今回お話を伺う先生が恐ろしかったのである。

その方は、WEB上で日記や大学の授業で使うレジュメなど、様々な文章を公開している。僕も事前に目を通したのだが、時々どきりとさせられる表現が現われるのだ。


今度、短期帰国するときに、数学者についてのノンフィクションを書いているある作家からインタヴューを受けることになっている。

これは僕のことである！

出版社の方からあらかじめそのときの質問事項のリストを頂いているのだが、そのリストの項目に挙がっている質問はどれも、直球の答えでは答えにくいものばかりで「一言で述べよ」と命令されたら言葉につまってしまいそうに思える。インタヴューのときにその状態になってしまうのが恐いので、これから書く posts のいくつかで、なぜ直球の答ができないのか、ということの説明を試みたいと思っている。ただし、この作家の目指しているのは、「売れる本」のようなので、以下に述べる解説はそのままでは、このインタヴューの答にはならないだろう。

「一言で述べよ」式の解答しか受けつけられない大多数の人たちに何か本質的なことを説明できるのか、ということについて、僕は否定的な経験を積みすぎてしまっているような気がする。だから、「ベストセラー」というようなカテゴリーの文章を書いている作家というのは、とても恐しいような気がするし、この恐しさが僕の究極の攻撃性を引きだしてしまいそうなことに対する恐しさもある。しかし、その反面、この「ベストセラー作家」という現象には、ひどく好奇心をそそられもする、…というのがこのインタヴューを受けることを承諾してしまったことの背景である。

先制攻撃のジャブをもらったような感覚だ。このまま敗北を認めて倒れていたい気分だが、試合、というか取材はまさにこれから。緊張感が高まっていく。

さらにメールでやり取りするうちに「先生」呼びは避け、「さん」呼びでお願いしたいという旨もご連絡いただいた。

この本における取材は毎回温かく、フレンドリーに応じてもらえることが多く、僕は緊張しすぎてかえって空回《からまわ》りしているくらいだった。しかし本来、数学者はそんな生ぬるい存在ではないのではないか。ついに出会ってしまったのかもしれない。どこに地雷《じらい》があるかわからない、難しい先生に——。


「そろそろ向かいましょうか」

有馬さんが厳《おごそ》かに言う。時間が来た。

トイレはすませた。水も飲んだ。名刺は用意してあるし、寝癖《ねぐせ》も立っていない。あとは当たって砕《くだ》けるだけだ。僕は覚悟を決め、袖山さんや有馬さんと無言で頷き合い、立ち上がって歩き出す。

ここからは先方の希望に沿うとともに、敬愛の念を込めて相手を「渕野さん」と記載したい。その方が正しいイメージが伝わると思うからだ。

実は、渕野さんはとても優しい人だったのである。

★幻想の恐怖
「どうも初めまして。こちらへどうぞ」

廊下で出会った渕野さんは、朗《ほが》らかに笑いながら僕たちを談話スペースに招いてくれた。

「工学系の先生の研究室だとお茶を出してくれる秘書さんがいたりするんですが、数学はそこまでお金回りが良くなくて。飲み物はお茶でいいですか？」

教授自ら自動販売機でお茶を購入し、紙コップに注いで振る舞ってくれる。ポーランド土産だというチョコレートのお菓子まで出てきた。

「あの、渕野さん、これ。みんなで食べたらいいかと思いまして」

「ああ、これはどうも。わざわざすみません」

袖山さんが渡し方をさんざん検討していた菓子折も、あっさりと受け取ってもらえた。

我々はチョコレートを勧められるままに手に取り、口に入れては「美味しい！」「中にオレンジのゼリーが入っていますね」などと声を上げる。

何かがおかしいぞ。

この場はもっと緊張感に満ちた、一触即発《いっしょくそくはつ》のインタビューになるはずではなかったのか。待てよ、どうしてそう思っていたんだっけ。ちょっと落ち着いて整理してみよう。そもそも渕野さんの何が怖かったのだろう。

『数とは何かそして何であるべきか』という数学書がある。著者は数学者のリヒャルト・デデキント、訳と解説は渕野さんだ。同書に関して渕野さんの日記にはこうある。

デデキントは、„Was sind und was sollen die Zahlen"の初めのところで、本書は、健全な理性とよばれるところのものを有する、すべての人が理解可能である。哲学的あるいは数学的な教科書的知識は、本書の理解のためには全く必要とならない。

と書いているが、このことはこの本（ちくま学芸文庫『数とは何かそして何であるべきか』）全体に対しても言えると思う。というよりそう言えるようにがんばって書いたつもりである。だから「むずかしすぎる」（つまり売れなくて出版社をがっかりさせる）かどうかは、そもそも読者がある程度以上の労力を投資して本書を読もうと思うかどうか、ということと、「健全な理性とよばれるところのものを有する」人々の全人口に対する割合にかかっていると言えるだろう。

うん、怖い。この本の内容がわからなかったら人間じゃない、と言われているようだ。次の文章も日記からの抜粋である。

……という問題を出したところ、クラスが全滅だったのだ。しかも、問題に手をつけて解答を試みている学生の答案が実に支離滅裂《しりめつれつ》だった。計算問題では面倒くさい計算を間違えずにこなしているのに、この問題や他の基本的な問題ではinsaneな、マイナス点をつけるしかない、吐き気を催《もよお》すような「解答」が書かれている、というパターンが続出した。

カーゴカルトの儀式のような数学のまねごとしかできない学生しかいないクラスを教えなくてはいけない、というのは苦痛だ。そのような学生がうようよいるキャンパス、というのはかなり薄気味の悪い場所である、とも言わざるを得ない。

学生当時は「吐き気を催すような『解答』」を書いていただろう僕としては、廊下に立たされてお説教を受けるような気分だ。さらに、別の部分ではこうくる。

教えなくてはいけない学生が、ほっておけば自分でどんどん理解する、という種類の人達ではない場合には、そのことの責任をすべて教える側が負わされることになるため、教育は非常に割の合わない仕事になってしまう。しかも学生の多くは理解するということ自体を全く拒絶していた。拒絶しないまでも、理解する、ということが何かを全く理解していないようだった。しかも、彼等は理学系の学生でもなく、だから多分、犬と鶏《にわとり》の違いのように、僕の属すのとは違う文化圏の人たちなので、彼等が理解することを拒絶すること自体を非難するわけにもいかなくて、見て見ぬふりをしなくてはならず、小学校のときのような悲しい思いをした。

渕野さんの絶望が伝わってくる。でも、ここまで言われてしまうとこちらも言い返したくなってくる。そりゃあ頭のいい人から見ればそうかもしれないけれど、こっちだってそれなりに頑張って生きてるんです。数学がわからないものはしょうがないでしょ。それを犬と鶏の違いとまで言われちゃ、どうやったって歩み寄れませんよ。

うん、これではインタビューに向かう足がすくむのも無理はない。

だが実際に目の前にすると渕野さんは排他的《はいたてき》どころか、とてもフレンドリーな印象だ。この矛盾《むじゅん》をどう考えたらいいのだろう。

もしかして……僕が勝手に怖がっているだけなのではないか？　渕野さんを、あるいは数学を。

「数学は思いのほか、誰でもわかる、誰でも恐怖感を持たないで接すればわかる、そういうところがあります。もちろん難しいところはとことん難しいのですが、そうではない部分もたくさんあるんです」

渕野さんはそう言った。

「アンドル・フォルデシュというハンガリーのピアニストが本に書いているんですが、若い頃リストのソナタを勉強するにあたり、『この曲は簡単な曲だ』と思うようにしたんだそうです。そうしたら、難なくマスターできたという逸話《エピソード》がありました。同様にね、数学でも心理的なものはかなり大きいかもしれません」

怖いと思うから怖い。怖い気持ちが勝手に膨らんで、実際の渕野さんと全然違うイメージを抱いてしまっていたのかもしれない。数学に対してもそうだ。自分には絶対理解できない恐ろしい学問だと、思い込んでいるのかもしれない。

★デデキントに挑む

僕は一つの実験を行った。

『数とは何かそして何であるべきか』を読んでみたのである。リヒャルト・デデキント著である。文庫版でさほど厚くはないが、専門書特有の重々しさを感じる。小説と違って表紙にも裏表紙のあらすじにも、ぱらぱらと適当に開いたページにも、全く娯楽を感じない。しかめ面をしたデデキントさんがこちらを威嚇《いかく》してくるようだ。健全な理性を有する全ての人が理解可能であるはず、とまで言われている本。もしちんぷんかんぷんだったら「どうせ僕は健全な理性のない人間ですよ」と渕野さんに言い、以後は決別するしかないだろう。

僕は本をにらみつけた。読み始める前に決意を固める時間が必要だった。やるからには真面目に読まなくてはならない。「一生懸命やったのに、わからなかった」という事実が必要なのだ。

思えばこの本とはいずれ相まみえる宿命だったのかもしれない。

「大人のための数学教室　和《なごみ》」の堀口先生に取材した時、「イプシロン—デルタ論法」という概念が出てきた。それについて軽い気持ちで質問したところ「デデキント切断」について掘り下げる必要が出てきて、大騒ぎになったのである。松中先生が応援に駆けつけるわ、僕たちは何が何だかさっぱり理解できないわで、堀口先生も困惑されていた。僕がこれから挑むのは、あの強敵デデキントなのである。

果たしてどうなるか。僕はおっかなびっくりページをめくった。ノートとペンを脇に用意し、読書は数日かけて行われた。結論から言おう。

ちゃんとわかったのだ！

これはかなりの感動だった。内容はそんなに難しくないのである。むしろ簡単というか、一見当たり前に思えることをあえて言語化し、きちんと確認していくような本だった。言語化する過程に、なるほどと思うことはあれど、これは自分の能力を遥かに超えていると思うような部分はなかった。

到底食べきれないと思われる量の食事を突き出されて困ったが、意外にあっさり味で消化が良く、一口ずつ食べ進めるうちにぺろりと完食したような気分だ。

ともあれこれで、僕は健全な理性を持っていることが明らかになった。

だが、まだ油断はできない。僕が極めて少数のエリートであった、という可能性も残されている。さらなる検証が必要だ。だから僕は妻を呼んだ。

「ちょっといい？　この本、読んで欲しいんだけど」

「ゲッ」

表紙を見るなり眉間《みけん》に皺《しわ》を寄せる妻。彼女は数学が苦手だ。大学受験ではデッサンの練習に時間を投じ、大学ではもっぱら木を削《けず》って彫刻を作っていた人である。その数学力たるや、中学生で習う連立方程式あたりからすでに危ういと言えるだろう。

「説明するから。最初の章だけでも」

「無理だと思うけどなあ。だってデデキントってカタカナだよ」

「確かにカタカナだけど、大丈夫だから。あなたの好きなチョコレートだってカタカナでしょ」

妻は渋ったが、これも作家の妻の務めと言い含め、ともかく僕は説明を始めた。

「だからつまり、こういう決まりにしたってことは、こうなるでしょ」

「あ、うん。そうなる」

「でしょ。だから、こういう風に書ける」

「え、そうなの？」

「ほら、ここに試しにこの記号を入れてみると……」

「ああ、確かに。そっかあ、そうだね」

「納得できた？　つまりこれがデデキント・ペアノの公理」

「すごい！　なんか難しいっぽいカタカナなのに、私にもわかった！」

妻が顔を輝かせる。

とりあえず一部だけだが、妻もわかったのである！　検証件数が十分とは言えないが、おそらく普通の人なら誰でもわかるんじゃないかと思う。本当に、難しくはないのだ。

だが、困難がないわけではない。

「この人、よくこんな本書いたね……」

妻が嘆息《たんそく》するのもわかる。この本、なかなか取っつきにくいものがある。妻はこんな風に表現した。

「料理の本に似てる気がする」

「料理？　あ、でも確かに……」

妻は頷いた。

「薄力粉《はくりきこ》を何グラム正確に計るとか、生地《きじ》を練って一定の温度で数時間置いておくとか、そういう話が延々と続く感じよね。美味しそうなパンの写真とか、楽しそうな挿絵とかそういうものなしに。料理の知識が何にもない状態で、それを読まないといけない」

使い慣れない用語もたくさん出てくるので、そのたびにつっかかる。順番に説明があるので、前の方を読み直せばきちんとわかるようになっているのだが、やや億劫《おっくう》だ。

「で、料理なら最後に美味しいものができるってわかるけど、この本は何ができるのかよくわからない」

僕たちは頷き合った。独特の味気なさと、先行きの見えなさ。この二つが立ちはだかるので、他に読みたい本があれば投げ出してしまうかもしれない。いわばそういう難しさを持った本とも言えるだろう。

「でもたぶん、美味しいものができてるはずなんだよ」

そう言うと、妻も頷いた。

「そうなんだろうね。そうじゃなきゃ、わざわざ大変な思いをしてこの本、書かないもんね」

「だけどその美味しさが、うまくイメージできないんだよなあ……」

読み終えた時、築き上げられた世界には一種の感動がある。だがそれを友人に勧めるとなるとなかなか難しい。料理を勧める方がずっと簡単だ。

「でも、ちょっとコレ見てよ」

僕は渕野さんの講義スライドをディスプレイで開き、妻に示した。そこには数学は全ての学問の基礎だと書かれている。

「物理、化学、生物……結局のところ、全て数学を使わないと成り立たないわけで、数学がコケると全てがコケてしまう。そういうことみたい」

「言われてみれば、あちこちで数字は使うもんね」

妻はあたりを見回した。カレンダー、テレビのリモコン、エアコンの温度設定。数字なしには成り立たないことばかり。

「そうなんだよ。改めて考えてみると、インターネットの暗号通信はもろに数学だし、コンピュータも数学の塊《かたまり》でしょ。数学がなかったらスマホもないし、ゲームもないし、えーとあとは何だ、クレジットカードもない。住居の強度計算もできないし、飛行機の設計もできない。何も作れない」

はあー、と妻は溜息《ためいき》をついた。

「すごいね」

「うん。すごいんだけど、何だろう。すごすぎてわかんない」

「そうなんだよね。スマホが役に立つのはわかるけど、それに数学が使われていると言われても、なるほど……で終わっちゃう。このデメキント……」

「デデキントね」

「デデキントが、いろいろなものに繋《つな》がっているとしても、肌感覚ではわからないよね」

「何でだろう？　空気みたいなものだからかな。当たり前のように遍在しているから、ありがたみに気づかないとか」

「それもあると思う。あとは……そういうものじゃないと、思い込んでいるとか」

「思い込んでるって？」

「だって数学の授業って、問題の解き方しか習わないもん」

　確かに、妻の言う通りだ。僕は考え込んでしまった。

「江戸時代の数学は他の学問、たとえば物理学や社会科学と影響し合って発展する、という道を取らなかったんですね」

　神戸大学は数学研究室の談話スペース。ソファに腰かけた渕野さんが言うと、後ろでまとめた長髪が軽く揺れた。

「特に物理と繋がっていなかった。ヨーロッパでは、数学は物理学とか天文学とかと繋がって大きく発展してきているんですよ。一方の日本は、純粋に数学、パズルを解くことを通じて、精神性、人間性を高めるとか、そういった要素が強かった。そういう体質が現代にも一部、引き継がれてしまっているんじゃないかと思います」

　いろんな人がいるので全員に当てはまるわけではないけれど、と渕野さんは前置きして続ける。

「そういう遊芸としての数学とか、いい点を取って大学に入るための数学、すなわち受験数学が、日本では一人歩きしちゃっているところがあるのかと。点をできるだけ取って、ちょっとでもいい大学に入ろうとする人たちには、問題は解けてもその奥の意味を知る余裕がないんですよね。だから学ぶモチベーションが消えてしまう。せっかく大学に入ってもそのまま、いい点を取るにはどうすればいいのか、という気持ちのまま数学をしてしまうんじゃないか。数学の考え方を踏み台にして何かをより深く理解する、ということを目指すと、違ってくるとは思うんですが……」

数学は点を取るだけのものだと思っている人と、宇宙を知るための道具の一つだと思っている人。確かにこの違いは深刻だ。僕は今のところ前者のタイプだが、もし後者のタイプだったとしたらどうだろう。

数学が社会で何の役に立つのかと聞かれても、「うーん、そこからか……」と頭を抱えてしまいそうだ。全ての基盤になる部分を研究しているつもりなのに、役に立たないことに血道《ち》《みち》を上げる変人のように見なされてしまうかもしれない。素晴らしさをわかってもらうには、実際にやってもらうのが早いのだが「数学は恐ろしくて、難しい」と言われてしまう。そんなに怖がらなくても、やってみれば意外と簡単だし、楽しいのに……。

渕野さんに感じていた恐怖が消えていくのがわかった。日記の文章も、今読むとがらりと印象が変わってくる。どきりとするような表現は嫌味ではなく、単なる事実と数学の現状に対する憂い。

最初のジャブもそうだ。どこの誰とも知れぬ数学素人が突撃取材を申し込んできたわけである。それに対して牽制《けんせい》どころかむしろ誠実に、紳士的に応じてくれているように思えてきた。

そしてそんなイメージこそ、実際に会った渕野さんにぴったりと重なるのである。

僕は勝手に怖がっていたのだ。

無理に数学を好きになる必要はない。しかし恐怖から数学を敬遠し、数学者を遠い人だと考えているとしたら、それはとてももったいないことのように思えた。僕たちにとっても、数学にとっても。

★不完全であることですらも、数学としての前進だ

どうやら怯える必要はないとわかったところで、渕野さんとのお話に戻ろう。

「そういえば、渕野さんが数学者として専門でやっていくことを決意されたのは、ゲーデルの不完全性定理、というものを知った時からだそうですが」

にこやかに渕野さんは頷く。

「そうですね、それがきっかけですね。何でしょうね、まあ、すごく魅力的なものだと思ったんですよ。不完全性定理っていうのは、普通の数学をちょっと外れている定理なんですね。

『数学に対する数学的な考察』なんです」

「数学そのものを、さらに数学的に考察するんですか？　なんというか、二重に数学するような感じでしょうか……」

「メタ、とか言いますよね。メタ小説だったら作者が作中に出てくるとか、登場人物がこれは小説の中だと知っているとか。ああいう感じです。普通の数学においては、そういうことをする必要はあんまりない。だから不完全性定理は『面白そうだけど、私とはあまり関係がない話だね』なんて思っている数学者も多いんじゃないかと。だから僕、異端《いたん》と言えば異端なんですよね」

渕野さんはおとがいに手を当て、思索するように目を斜め上に向けつつ、早口ですらすらと続けた。

「不完全性定理の場合には『数学の全体が矛盾しないということを、数学的に証明することはできない』というのが一つの結論なんです」

僕はその言葉をゆっくり頭の中で噛《か》み砕く。

「それはええと、数学の限界が、数学的にわかってしまったというか……」

うん、うん。渕野さんは頷いている。

「数学は完璧じゃない、ってことになりますよね。数学者にとってはあまり好ましくないもの、じゃありませんか？」

「確かにね、見方によれば好ましくないし、否定的な結果でもある。だからこれを無視するといった態度に出る方も、もちろんいると思います。でも僕はそれほど否定的なものだとは思っていなくて。もう一度言うと『数学の全体が矛盾しないということを、数学的に証明することはできない』という結論です。『数学は矛盾している』という結論じゃない。数学にもできないことがある、とわかっただけ」

「じゃあ矛盾しないと信じればいい、ということですか？」

「数学をやっている人はみな、数学は矛盾しないと信じてやっているわけですよ。単なる盲信ではなくて、たとえば、数学の様々な理論の整合性が、数学が矛盾しないことの示唆《しさ》と見なせる、というバックアップもあります。これは不完全性定理を知っている人にとっても、知らない人にとっても、同じなんです。まあ白黒つかないのはちょっと気分が悪い、というのはありますけど」

　おかしそうに笑う渕野さん。

「でも数学ってそういうものなんです。『こうなって欲しい』と思っても、証明してみるとそうじゃなかったりする。そういう時、やっぱり自分の主観を通すわけにはいかない。数学的に考えたらそうなんだから、ちゃんと事実を認めるしかない。そういう線を自分の中の、どこかで引くんです」

「じゃあもしかして、ゲーデルの不完全性定理も、ある意味では数学のことがまた一つわかったということになるんでしょうか」

「そうですね。これも一つ前進だと言えますね」

僕は唸ってしまった。

自分に望ましくない結論が出ても、それを受け入れるのが数学なのである。果たして僕にそんなことができるだろうか。嫌だ。おみくじを引いて大凶《だいきょう》が出たら、見なかったことにしてもう一度引く。大吉が出るまで引きたい。大凶ということがわかった、前進だ、という気分にはなれないぞ。

「渕野さん。それ、しんどくないですか」

「うーん、なんかその、修行みたいなとこはありますね」

そう言う渕野さんだが、ちっとも苦しそうではない。にこにこしている。

「『こうなって欲しい』というのが十分に捨てきれなくてね、前に進めなくなるということはあります。でもね、『こうなって欲しい』がないと、それはそれでダメなんです。『こうなって欲しい』でも『こうなって欲しくない』でもない、ニュートラルなスタンスで進めても研究はうまくいかないんですよ」

「く、苦しいですね……。それだと、自己分裂してるみたいですね。『こうなって欲しい』自分と、それを客観的に裁こうとする自分とがいるわけだから」

　渕野さんは頷いた。

「そうですね。特に僕のやっている、メタな数学が関連してくる分野はそうです。『数学の世界で数学をやっている自分』『それを記号の操作《そうさ》として外側から見ている自分』『さらにそれをまた上から見ている自分』……と出てきます」

「つまり、三段階くらいあるんですか」

「無限の段階が出てくることがありますね」

「む、無限？　そんなにたくさんですか」

「あやふやなものではなくて、実際には定式化できる状況ではあるんだけどね」

　もののたとえとして無限と言っているわけではなく、実際に無限の段階があるということだ。素人《しろうと》としては、その方が恐ろしいが。

「そういう状況を扱わなきゃならなくなることがあって。ある意味では変な自己分裂をしながら、作業をしているのかな……」

「まるでミステリを書く作業みたいですね。騙《だま》される読者の気持ちも考えながら、騙すお話を書くとか」

ふふふ、と僕の前で数学者はいたずらっぽく瞬きをする。

「ミステリはちょっとわかりませんけど、昔、作曲家としてアクティブに仕事をしていたことがあってね。僕がやっていたのは、コンピュータでの作曲なんです。ピエール・ブーレーズという作曲家が『管理された偶然性』という概念を提唱したんだけれども、それに近いのかな。大きな枠組みをこちらで指定して、その中からコンピュータに音やリズムを選ばせるんですよ。すると、ある程度予測された中で、でも予測不可能という、そういう音楽ができる」

なるほど。全体の構図を作る渕野さん。予測不可能な音が出てきて驚く渕野さん。だがそれも計算のうちの渕野さん。という、いろいろな渕野さんが出てくるわけだ。

「それって、渕野さんのやられている数学と、ちょっと似てますね」

「うん、自分の中ではやっていることは全部繋がっているとは思いますね。ただ外から見ると、ハチャメチャに違うことをやっているように見られるかもしれませんけど。少なくとも僕にとっては、その音、その音楽を聞くこと——要するに『その世界を聞くこと』と、『数学の世界の中でどんどんわかっていくこと』とは何かこう、ほとんど同じことというような感覚がありますね」

音楽でも、数学でも。渕野さんの世界の見つめ方が、少しわかった気がした。

★人工知能に数学はできない？

「不完全性定理の解釈の一つとして、『単に機械的な計算をしても、数学はできない』という結論があるんです」

「え、そうなんですか？」

「はい。つまり数学は、問題をコンピュータプログラムにかけたら答えが出てくるとかそういうものではない、ということですね。なぜかというとね、仮に全てのものが白黒つく公理系があったとしましょう。すると、数学の証明は記号の列なので、全部辞書的に並べることができるんです。それは無限に続きますけど、どこかで問題に対しての答えがあるから、機械的に探すことができるでしょ。でも、体系が不完全だったとしたら？　どこまで行っても白黒つかないことがありうるので、コンピュータはループに入って止まらなくなっちゃう」

そうか。数学は不完全だからこそ、機械的にはできないのだ。

「だから今の科学で簡単に思いつくような人工知能に、数学はできないんですよ」

「それ、夢がありますね！　数学は人間だけのものなんでしょうか」

「直感だとか、閃《ひらめ》きだとか。そういうものがないと数学はできないんですね。もちろんそういうものを兼ね備えたコンピュータが、今後出てこないとは限らないけれど。少なくとも数学は、同じやり方をずっと続けるだけで進むものじゃない。だからある意味では、どこまでやってもまだできるかもしれない、そういう余地、可能性があるわけですね」

数学でやることがなくなって困るなんてことは、当分ないわけだ。

「じゃあ実際に数学をやる時も、機械的な計算ではないんですね」

「うん。最終的には論理的にきちっと正しいものになっていないとならないんだけど、作っている時には論理的に考えているとは限らない。なんかこう、非論理的な跳躍《ちょうやく》が必要なんですよ」

理屈を超えたジャンプで真実にたどり着く。そして、それを論理に翻訳することで、数学の論文、あの記号の列が生まれてくるのだという。

「論理的な言葉に翻訳する作業は、トレーニングを受けている数学者であれば、自動的にできます。自動的は言いすぎかな？　でも、ある程度できます。非論理的な跳躍、こちらの作業の方が難しいというか、どうやったらそれを引き起こせるのか本当に説明のしようがないんですよ」

渕野さんは遠くを見るような目で空中を見つめた。

「何もしないで急に跳躍できるわけではないから、やっぱりトレーニングや助走が必要なんですけどね。とにかく全部可能なものを考え抜いて、ふと気分転換しようと思った時にヒュッとこう、アイデアが出てくるかな」

そして嚙みしめるように言ってくれた。

「そういう瞬間があるとすごく、何だろうね、喜びだね。そしてもう一度これを味わいたいと。それが数学をやっている人の主観としての、数学の魅力かもしれない」

「やみつきになってしまうんですね」

「うん。中毒性がありますね」

渕野さんに跳躍の例を一つ教えてもらった。

とりあえず、ざっとで構わないので問題を見て欲しい。

「平面上に任意の五点が与えられて、それらのうちのどの三点も同一直線上にないとする時、それらの五点のうちの四点をうまく選んで、この四点が凸四角形の頂点になっているようにすることができる。これを証明せよ（多角形が凸であるとは、内部にあるどの二点を結ぶ直線もその多角形の内部に含まれているということ）」

ふーん、図形の問題だなあ……程度の感想しか出てこない男だ、僕は。もちろんどこからどう手をつけてみたものか、さっぱりわからない。さて、これをどう解いていくか。

補助線を引いてみる？　実際に図形を作って場合分けしてみる？　どうやって？

さて、驚きの第一手がこちら。

「まず平面を板のようなものと思って、与えられた五点に釘《くぎ》を打つ」

いきなり日曜大工を始めてしまう。

「その周りに輪ゴムをかける」

完全に工作である。

「この時、この輪ゴムが三本の釘にかかる場合と、四本の釘にかかる場合と、五本の釘にかかる場合、三つが考えられる……」

なんと、鮮やかに場合分けができた。ここをとっかかりにして、それぞれの場合に四点を選ぶことを考えていくと、この問題は綺麗に解けるのである。

もちろんこれは解法のいわばエッセンスであって、ここから釘や輪ゴムなどを実際に数学の言葉に載せ、きちんと解いてみせるとなるとなかなか難しいそうだ。興味のある方は「エスター・クラインの定理」で調べて欲しい。

「これは幾何学的《きかがくてき》な直観の一例ですね。しかしどうやって思いついたのか。まさに跳躍です」

コンピュータにはちょっと発想できなそうだ。彼らは釘を打つことも、輪ゴムをかけることもないのだから。

★それでもやっぱり、数学は怖い

「そういえば渕野さんは日記に、数学は才能が占める部分が大きく、努力で補える部分は少ない、と書かれていましたが……」

「そうですね。僕は大学院生の指導もするわけですが、学生のレベルと研究者のレベルとの間にはやはりハードルがあって、それを超えるだけの能力がない人はいるわけなんです。いかに数学に興味を持っていて、数学者になりたいと思っていても」

「それはもう、はっきりわかってしまうものなんですか」

「『この人はこのぐらいのレベルだな』というのは、少し数学的な議論をすればすぐにわかってしまいます。学生とでもそうだし、数学者同士でもそう。だから怖い世界ですよね。他の世界ならもっといろいろな要素があるから、努力でカバーできる部分もあるでしょう。でも数学は閃き、センスみたいなものが占める部分がかなり大きいので、ダメな時は本当にダメ。で、そういう人をどう扱ったらいいかというのは、本当に難しい問題なんです」

常に朗らかな渕野さんだったが、この時は深刻そうな顔だった。

「その人を叱ったり、怒ったりすればいいという話じゃない。こちらはサポートしてあげたいわけだけど……。『君には無理だ』と言えば自尊心を傷つけることになる。落胆して、最悪の場合は自殺してしまうかもしれない。趣味でやる数学なら楽しければいいんですけれど、大学は専門家を養成する場なので。そこをどうしたらいいのか、すごく悩むところですね」

「海外でも、それは同じなんですか」

「ドイツの人は割とはっきり言うかな。僕はドイツの大学にいた頃、『君、なんであんなできない学生を採るの？』と批判されたことがあります」

「こ、怖いですね……」

何だか再び、数学の恐怖が蘇《よみがえ》ってきた。

妻と一緒にデデキントの本が読めた時には「なんだ数学、お前も案外話がわかるじゃないか。誤解してたよ」という気分だったのに。そんな気持ちで簡単に入れるのは入り口のところまでなのだろうか。

ふと、渕野さんが口を開いた。

「僕、たぶん今生きている人類の中で一番頭のいい人の助手を、半年間ほどやったことがあるんですよ。シェラハ先生っていうんですけど」

サハロン・シェラハ。イスラエルの数学者である。

「その人の論文は二千本くらいにまでなったのかな。ゆうに千は超えているはず。共著者がたくさんいるんですけど、中にはシェラハに問題を持ち込んで、教えてもらった結果をほとんどそのまま論文の形にすることしかできない『共著者』もいます。つまり、本当にすごい先生です。僕が彼の助手になった時にね、助手を長らくやっていた方に言われたんですよ。『サハロンを人間だと思ってはいけない、宇宙人みたいなものだと思わないと、やっていけないよ』と。宇宙人なら何でもありでしょ？　それくらいの人なんですよ。彼に比べればもう、他の人は全部同じ、どんぐりの背比《せいくら》べみたいなもので」

「そんなに普通の人と違うんですね」

「うん、違う。違いすぎるので、もう比較してもしょうがない」

「その先生の助手というのは、どんな仕事をするんですか」

「いろいろあるんだけどね、研究のアイデアを聞いて細かいところを埋めるとか。シェラハはかなり細かくノートを書いてくれるんだけど、それを普通の人が読んでも全然わからないんですよ。普通の人が読めるような論文の形に、ノートを解読して落とし込まないとならないんです。だから助手と言っても、普通の人にはできない仕事です。僕がその助手をやっていたというのは、まあちょっと威張《いば》れることかもしれない」

僕は袖山さんや有馬さんと顔を見合わせ、おそるおそる確認する。

「渕野さん。ちなみに今言った『普通の人』というのは……」

「ん、ああ。だから普通の、専門家。普通の数学者ですね」

数学者になるのにだって大きな壁があるのに、それを遥かに超えた宇宙人まで存在しているとは。数学の階層は深い。

ここで渕野さんの日記から、少し抜粋したい。

多くの人にとって、数学の理解のネックになっているのは、数学に対する恐怖心ではないだろうか。少なくとも僕の場合、新しい数学理論を勉強し始めたとき、その理論が「自分の掌の中に収まる」というような感覚（錯覚？）がつかめないと、何も手につかなくて、前に進めないことが多い。これは理性的な理解の問題であるより恐怖心の克服に近いものであるようだ。この心理的葛藤はたとえば、Saharon Shelah の新しい仕事を理解しなくてはいけない、というようなときにクライマックスに達する可能性がある。

これを読んで僕は驚いた。つまり渕野さんにも、数学を怖いと思う瞬間があるのである。サハロン・シェラハ先生が怖いのである。

「だからそういう意味では、上には上がいる。僕だって上の人と比べたら全然ダメ、というところがあるんですよ」

そういう時どうするんですか。どうしたらいいんですか、と僕は聞いた。それは渕野さんのことを知りたかったからとも言えるし、自分自身どうしたらいいか教えて欲しかったからとも言える。

渕野さんは目尻《めじり》を下げて、さらりと言った。

「うん、自分のできることを、やるしかないですよね」

たった一言だったが、そこには数学の前線で戦い続けた経験の重みがあった。

日記はさらに、こんな風に続いている。


数学が恐いという感覚は、だから、決して他人事ではないのだが、これは正面から向ってゆくしか他に対処法はないのではないかと思う。精神衛生上はあまり健康なことではないのかもしれないが。

自分の能力の範囲で、できることをやり続ける。数学に限らず、人が生きるとはそういうことなのかもしれない。

★すごく喜ばしいし、楽しいこと
僕は最後に確認することにした。もうだいたいわかっていたのだけど、ちゃんと言葉として確かめたかったのだ。

「渕野さん、日記に結構、数学ができない人がヒヤリとするようなことが書かれてますけど……」

ちょっと恥ずかしそうに、渕野さんは頭をかく。

「ああ、うん。ごめんなさい。そういう人たちが動物と同じだとか、そういうことを言いたいんじゃないんです。当然、人間扱いしたいわけなんですよ。でも数学というチャンネルでコミュニケートしている時には、数学の要求する知性や創造性の基準で判断すると、人によっては厳しすぎることを言わなくてはならなくなってしまうこともあるので……」

「渕野さんとしては、やっぱりみんな数学ができて、同じように話せる世界が理想なんでしようか」

「まあ、そういう状況になると、数学者っていう職業が必要なくなっちゃいますからね、それも困るけれど。仮に理想社会が成立した時に、数学のわからない人が社会の構成人員になっているシナリオと、みんな数学をわかっていて、当たり前になっているシナリオとだったら、やはり後者を取りたいですね」

「数学の話もできるし、もちろん他の話もして、わかり合える」

「うん。それは、僕はすごく喜ばしいし、楽しいことかなって思いますね」

頷く渕野さんは、とびきりの笑顔だった。

渕野さんには、僕が抱いていた恐怖も学生たちの恐怖も、お見通しなのだろう。

数学恐怖症の人が渕野さんをどう思うかは人それぞれだろうけれど、一つ大切なことがある。それは、以下の文章を読んでもらえばわかるだろう。渕野さんが昔、講義の受講生に向けて書いたものだ。


大学の先生の中には、「どうせあいつらは教えても分らないのだから難しいことを教えても仕方がない」というようなことを仰る方もいます。しかし、私は大変であっても、手抜きの講義に逃げる気はありません。学生に、予備知識が不足していたり、思考能力のリソースが多少不足していたりしても、集中力さえ発揮できれば、ちゃんとフォローできるような本格的な講義をする、というチャレンジに真剣勝負で挑んでいるつもりです。これをどれだけ消化できるかは皆さんに向けたチャレンジです。

また、初歩的な部分からはじめて丁寧に説明しているため、講義の内容はそれほど本格的なところまでは進められませんが、そのことと講義を日本語でやっている、という点を除くと、たとえば、日本の東大とか京大などよりもっとずっとレベルの高いような外国の大学で同じように講義したとしても、恥かしくないような講義にする、ということをいつも心掛けてもいます。

渕野さんは数学に正面から立ち向かう全ての人の、味方だ。

10 『数学とはこれである』と線引きをしてはいけないんじゃないか

阿《あ》原《はら》一志《かずし》先生（明治大学教授）

幾何学模様のポスター。

蝶《ちょう》だろうか、それとも植物の葉だろうか。小さな模様が無数に集まり、鮮やかな色のグラデーションが施され、渦巻《うずま》きに似た巨大な模様を作り上げている。美術館にあってもおかしくなさそうだ。

「それは学生が作ったフラクタルの図形ですね」

さて、今度は棚に変なものが無数に転がっている。オレンジ、緑、ピンク、青、赤……でこぼこ、ごつごつ、まるでブロッコリーやウニのような形をしていて、持つとそこそこ重い。インテリアとしてはやや奇妙だし、かといって他に使い道も思い当たらない。ただ、眺めていると妙に興味深い。

「それも学生が作った立体ですね。3Dプリンターで出力しています」

ここには、見て、触れるものがたくさんある。レゴブロックもあれば組木細工《くみきざいく》もあるし、ボードゲームも、流行りの漫画もある。後半はただの趣味なのかもしれないが、とにかく数学の研究室とは思えないくらい何だか楽しそうな雰囲気だ。

それがここ、明治大学総合数理学部、阿原研究室である。

★グニャンとやっていい数学

幾何学と聞いて、どんなものをイメージするだろう。正三角形の作図だとか、ここの角度が何度だとか、三角定規とコンパスでいろいろとやったような気もするのだが。

見上げるほど背の高い阿原一志先生だが、柔らかな物腰で教えてくれた。

「それは古典幾何や、初等幾何という分野ですね。そういうのはもう、研究の俎上《そじょう》にほぼ載らないんです」

数学の分野は広く、様々な専門家が存在する。ざっくり言えば代数、幾何、解析の三つの分野に分けられるようだ。さらにその幾何の世界も細分化できるのだと阿原先生は言う。

「今、専門で幾何というと、大きく三つあります。代数幾何、微分《びぶん》幾何、位相《いそう》幾何ですね」

これである。

せっかく先ほど代数、幾何、解析の三つに分けたのに、代数幾何とかいう一体どっちなんじゃと言いたくなる分野が出てきて、台無しにしていく。数学の分野は互いに関連していて、しかしそれぞれ特色もあり、その位置関係を捉えるのは難しい。

「代数幾何というのは、代数式で表される図形の性質を調べるというものです。でも代数幾何を勉強したいんだったら、普通は幾何ではなく代数に進みますね。それから微分幾何というのは曲線や曲面の形を考えていきます。どんな形の曲面がありうるか、というところから始まった学問です。今はもっと次元を一般化したりして、難しくなっていますけど。最後の位相幾何ですが、トポロジーという言葉を聞いたことはありますか。僕が選んだのはこの分野です」

トポロジー？

聞き慣れない用語や、難しい漢字が並びすぎた。ぽかんと口を開いたままの袖山さんと僕を安心させるかのように、阿原先生はそっとホワイトボードを取り出した。

「学部の一年生とよくやるパズルを紹介しますので、それでトポロジーに入門していただこうかなと。文系の方でもわかるものなので、ご安心を……さて、これから線でできた図形を考えていきます。そして一番根幹となる概念として、『同相《どうそう》』というものを覚えていただきます。ルールはたった二つだけ」

阿原先生はさっさっとペンを走らせる。

「一つ目。線の向きとか長さ、それから折れ、曲がり、これらは全て無視します。だから向きが違っても区別しない。短いとか長いとか区別しない。折れていても曲がっていてもまっすぐでも、区別しない」

ホワイトボードには短い直線、長い直線、ギザギザの線、ふにゃふにゃ曲がった線が描かれた。

「つまり、これらの線は全て同じものとして考えるんです」

ほう、と袖山さんが瞬《まばた》きする。

「ルール、二つ目。線と線の繋がり具合とでも言えばいいかな……交差点や輪があるとしましょう。これは全て、無視しない。ちゃんと問題にする」

今度は十字やT字、二本の平行線、それから丸い輪っかなどが描かれた。

「これらは全て別のもの、ということです。繋がり具合が違いますからね」

気にするところと、気にしないところを決めて、形を捉えていくのが位相幾何学のようだ。

「この二つのルールで、同じと言えるものを同相と呼びます。具体例を出してみましょう。平仮名で言えば、『く』と『し』は同相になります。他にもこれと同相の平仮名があるんですが、わかりますか」

むむむ。つまり線一本で構成されている文字ということか。僕と袖山さんは、それぞれに頭をひねった。

「『へ』とか」

「ええ、正解です」

「『つ』は？」

「はい、そうですね」

この二つまではすぐにたどり着けたが、そこからは少し時間がかかった。

「『ん』『ろ』『ひ』『て』『そ』。結構ありましたね……」

これだけの数の文字を「同じもの」と考えてよいわけだ。新しい発想にどこかわくわくする。なお、「り」はこの書体では線一本で同相なのだが、一般的な書き方では二本の線になるので、除外して考えている。

阿原先生はホワイトボードをいったん消して、続けた。

「じゃあ少し難しくしていきましょうか。『せ』の同相の平仮名は？」

すぐには出てこない。ええと、「ま」は違うな。「輪っか」がある。「十字」が二つあって「輪っか」のない形……。

答えは「も」と「を」だった。「を」が「せ」と仲間だなんて、何だか文字たちが新しい表情を見せ始めたみたいだ。

「『お』と同相なのは？」

輪っかが一つ、十字が二つ、離れている線が一つ。これは「は」と「む」が同相になる。

僕はふうと息を吐きながら言った。

「これは、いくらでもパズルが作れますね」

ええ、ええと阿原先生は頷く。

「一年生を相手にゼミをやる時は、ここから漢字に行くんです。図案を描いて、それと同相の漢字はどれかとかね。そして研究ではこれを曲面であったりとか、立体であったり、もっと次元の高い形で考えていくんです。これがトポロジー、位相幾何学。『お』の一部をグニャンと曲げて『む』にしていいわけですよ。線と線の繋がり具合を変えない範囲でグニャグニャしていい数学、そういう原理から始まる幾何学なんですね」

数学なのに、針金を曲げたり粘土をこねたりしているようで、図工っぽいぞ。

「数学って厳密なものかと思っていたんですが……」

ぽろりとこぼした言葉に、阿原先生は「いえいえ、厳密ですよ」と苦笑する。

「でも、何だかすごく自由な感じがしますね。この部分は自由にしてもよくて、ここからは厳密にしなくちゃいけないという、そういうところが厳密なんですかね」

「そうですね。やはり数学は数学なので、先ほどの二つのルールをきちんと式を使って定義する方法も教科書には書いてあります。ただそれは相当訓練を積まないと、意味すらわからない。『交差点とは何か』みたいなところから、全てきちんとやっていくので」

面白い考え方だなあ。

平仮名たちをトポロジーの目で眺めた途端「せ、も、を」のグループ、「お、は、む」のグループなど、全く新しい種類分けが見えてくる。この文字には輪っかがこんなところにある、こっちは十字が二つある、など、これまで意識していなかった点に注意が向く。

この感覚は身近にも溢《あふ》れているかもしれない。たとえばスーパーに行けば、野菜コーナーと果物コーナーは分かれている。しかし、なぜ同じウリ科でもキュウリは野菜なのにスイカは果物なのかよくわからないし、トマトが野菜か果物か、分類としては曖昧なはずだ。でも僕たちは当たり前のように種類分けをして、買い物をしている。

いいのだ。ここでは生物学的な分類は無視していいものとして、料理での使い道だけを問題としているのだ。だからシメジなんか菌類のくせに、野菜と同じ相のような顔で鍋コーナーに並べられている。そうすることで、やりやすくなることがある。

「数学と一口に言っても、いろいろあるんですねえ」

袖山さんが感嘆した。

★竹槍でアメリカと戦った頃

「数学者には、小学生の頃からなりたかったんです。卒業文集で将来の夢に『数学者』と書きましたからね」

軽く眼鏡の位置を直して、阿原先生は言う。

「すごく早い時期からなんですね。それは、どうしてでしょうか」

「何ででしょうね、いろんな読み物を通して、たぶん鶴亀算《つるかめざん》とかそんなものだと思うんですけれど、何かピンときていたんでしょうね。自分はこの道に進みたいと」

そんな阿原先生は中高一貫校に進み、数学研究会に入る。

「三つ上に、古田幹雄《ふるたみきお》さんという方がいらっしゃって。今、東大大学院の教授です。そこは中高の数学サークルにもかかわらず、専門の研究をするような本格的な数学を部活としてやっていたんです。一年坊が入ってくると、『じゃあまず』とか言いながら、大学数学の三年でやるような講義を上級生がしてくれるんですよ。いきなり」

はっはっはと阿原先生は笑った。

「そういう部活だったので、ずいぶん感化されました。そこで地力《じりき》が鍛《きた》えられたのかなと。学生さんと話をしていても感じるのですが、こういう出会いがあるとたいがい人は数学が好きになって、なかなか嫌いにならないなあと」

素敵な出会いが、阿原先生をさらに数学にのめり込ませたのだ。

「じゃあ、阿原先生は数学が嫌になったことは、ないんですね」

いかにも「もちろんです」と答えそうな、穏やかな表情の阿原先生なのだが、同じ顔で即答する。

「いえ。実は、二年ほど嫌いになりました」

「え……それは、何があったんですか？」

「修士論文の時ですね。数学が難しすぎて。でもこれは誰が悪いわけでもないんですよ。いわゆる現代的な数学の研究というのは、二〇世紀初頭くらいから本格的に始まりました。そして急激に発達するんです。トポロジーに関して言うと、一九四〇年代から一九五〇年代にかけて、様々な計算手法が提案されます。先ほどの平仮名の問題でも『輪っかがあるから、この二つは同相ではない』みたいなことがありましたね。輪っかの個数のことを数学では『一次ベッチ数』と言います。このベッチナンバーのように、複雑な図形であっても同相かどうかを計算する手法がどんどん編み出されていったんです。この時期に天才たちがアメリカに集まっていたとも言われてましてね。ただ、そのせいで……後から来る人にとっては、難しくなりすぎちゃったんです」

困ったように阿原先生は眉を八の字にしてみせた。

「たとえば図形を区別する方法が十通りあるとして、一つ理解するのに十年かかっていたら、生きているうちに追いつけないですよね。でも僕が大学に入った一九八二年くらいにはそれに近い状態になっていて。これまでのトポロジーを全部勉強するというのは、学部四年間ではほぼ無理。もちろん物わかりのいい人というのはいて、そういう人は別ですけど、普通は無理。今の数学科も同じ状態です。だから誰が悪いのでもなく、数学が難しくなっちゃったということなんです」

現在できあがっている数学を修めるだけでも難しい。新しい理論を編み出すとなると、とてつもなく困難なのだという。阿原先生は続けた。

「で、僕の場合は学部を卒業して修士に進んでからの二年間は、悶々《もんもん》と過ごすことになりました。指導教員の先生から『じゃあ、最新の論文読んでね』とこうバサッと手渡されるんですが、ちんぷんかんぷーん、なんです。でもゼミの発表が毎週あるんですよ。もう、どうやって生きていこうかと……。その頃は数学が辛かったですねえ」

転機が訪れたのは、博士課程に進んでからだったそうだ。

「ちょっと自分の方向性が見えたんですよ。研究テーマにコンピュータを選んだんです。当時コンピュータで数学をやるという人は、ほとんどいませんでした」

最初のWindowsが発売されたのが一九八五年なので、本当に黎明期《れいめいき》である。

「アメリカにジオメトリーセンターというものができて。大型コンピュータを用いて問題を解こうというプロジェクトがやっと出てきた頃です。で、僕は日本で孤軍奮闘してました。向こうが優秀な数学者を集めて、『それー!』とかやっている時に、一人でコツコツ、プログラム組んで……。『阿原君は竹槍《たけやり》を持って戦っているんだね』と言われましたよ」

おかしそうに笑う阿原先生。

「三十分くらいのCGを作ったりもしたんですが、一コマ絵を描くのに八秒から十秒かかるんです。一秒に八コマ必要ですから……ええと、一万四千四百コマか。もう気が遠くなりますよね。そういう青春時代でした」

当時阿原先生が使っていたNECのパソコンより、今多くの人が持っている携帯電話の方が、圧倒的に性能がいい。たった三十年ほどの間にそれほど世界が変わったのだ。

「あの頃は『コンピュータなんかやっていても論文にならないぞ』と言われました。コンピュータで計算しても証拠にならない、証明にならないという考え方なんです。今でも思い出すことがあります。当時東大にはすっごい怖い代数幾何の先生がいらっしゃったんですね。エレベーターで一緒になった時、会釈しなかったらぶん殴られたとかいう逸話をお持ちの方で……」

「あ、そういう直接的な怖さですか」

「はい、もちろん学問にも非常に厳しい先生です。代数幾何ってコンピュータを使わない分野なんですよ。代わりにコンピュータの役を果たすような定理がたくさんあって、だから天才が集まるところという感じなんですね。そこにいる人には神々《こうごう》しい後光が差しているというか。そういうのもあって、もちろん尊敬なんですが、ほんと恐ろしいわけです」

「数学の中でもちょっと特別なんですね」

「それで僕が、式をコンピュータに入れて計算させると図形の形がわかるという論文を、博士論文として出したんですね。そうしたら発表会でその先生に、『本当に君、コンピュータを使って、それができているんですか』と質問されてしまって……」

阿原先生が冷や汗をかく姿が見えるようだった。

「それ、どうしたんですか？」

「ちょっとずるい言い方だったかもしれませんが、『大丈夫です』と言いました。大丈夫なんです、と言い張った。怖かったです。『うーん、まあ、しょうがないな』みたいな感じで許してもらえましたが」

「でも不思議ですね。僕は人間が計算するよりも、電卓で計算した方が確実だと思っちゃいます。だからコンピュータで計算してそうなるならむしろ安心、という感覚なんですが」

「そうでしょうね。だから時代の変化ですよ」

薄く、軽くなったノートパソコンを、阿原先生はちらりと見た。

「僕も単にコンピュータで計算するだけでは証拠にならない、そういう思想ではあります。ただ現象を見ることはできる。数学って、何が起きるか結論すらよくわからないという問題が結構あるんです。じゃあまずはコンピュータでシミュレーションなり、試しに計算してみるというのが現在の発想です。そこから何か閃《ひらめ》くこともありえますから」

コンピュータが発達した結果、数学の道具として使われるようになってきたのだ。時代が阿原先生に追いついたとも言える。

「二〇〇〇年くらいまでは、『コンピュータを使って数学をやりました』はなかなか論文にならなかったんですね。でも時代と共に、徐々に変わってきました。『四色問題』という難問はコンピュータによって解かれたんですよ」

四色問題とは、色の塗り分けについての問題だ。カラーの世界地図を想像してみて欲しい。アメリカとメキシコのように、隣り合う国は同じ色で塗り潰《つぶ》さないのが塗り分けのルールである。さて、どんな地図が与えられたとしても、このルールを守ったまま塗り分けるには、一体何色用意すればいいだろうか。

複雑な地図を考えるとかなりたくさん色が必要な気がしてくるが、試しに色鉛筆で塗ってみると、意外に少なくてすむとわかってくる。

「実は四色あればどんなに複雑な地図でも塗り分けられるということが、証明されたんです。ただこの証明の過程において、何千パターンもの場合分けを全部手作業で潰していかなくてはならなかったんですね。一パターンやるのに途方もない時間がかかるのに、何千となるととてもやっていられない。そこをコンピュータで短縮した、という論文でした」

時代と共に道具も変わり、数学も変わる。きっと今後も変わっていくのだろう。僕は聞いてみた。

「何年か後に、数学でコンピュータが人間を超えちゃうってことはあるんでしょうか」

「そういった研究は相当あります。人工知能で定理を証明するとか、そのためのソフトウェアなんかですね。それで機械証明という一つの分野ができているくらいです。まあ、今のところは人間を超えるまでは行きませんが」

また何十年かが過ぎれば、びっくりするほど数学も変わるのかもしれない。

★泣きながら何百枚も紙を貼り合わせた

阿原先生の研究分野はなかなか独特だ。

「僕は論文が少ないんですよ。数学学習支援のソフトウェアを作ったり、あるいは企画に協力したり、論文になりづらいことをしているので」

ファッションブランドのイッセイミヤケの、二〇一〇-一一年秋冬のパリ・コレクションにおけるテーマは「ポアンカレ・オデッセイ」。なんとポアンカレ予想と幾何化予想という、数学上の問題を衣装デザインに落とし込むという大胆なものだったが、ここでデザイナーたちへの数学コーチングを担当したのも阿原先生だった。

「他にも、こんなものを作ったりね」

ふと別室に引っ込むと、すぐに何かを持って現われる。僕たちの目は、阿原先生の手にしているものに釘付けになった。

「何ですか、これ？」

なんとも不思議な物体だ。たとえるなら虹色《にじいろ》をした雪の結晶、中心あたりを切り取ってきた珊瑚《さんご》、研究室で培養中の怪生物。

「ペーパークラフトなんですけどね。ハイプレインという多面体です。あ、すみません、ちょっと置きっぱなしにしていたもので。多面体ダストが」

表面の埃《ほこり》をさっと払い落としてから、阿原先生は僕たちにその物体を手渡してくれる。

紙でできた無数の小さな三角形が群体のように百枚近く組み合わさって、ぐにゃぐにゃというか、ギザギザというか、どこか生物を思わせる構造を作り出している。

「普通、多面体というと丸い形とか星の形とか、そういうのを思い浮かべますよね」

「はい。サッカーボールみたいな形とか、いっぱい面のあるダイスとか……」

「これはあえてシワシワというのかな、そうなるような角度を選んで、三角形をくっつけて作るんです。三角形の角度は決まっていまして、五十四度、六十三度、六十三度の二等辺三角形。この物体は筒状になっていますけども、もっとキクラゲのようにですとか、サニーレタスのような形にもできます。貼り方を変えればね」

「これ、三角形はそれぞれ別の色がついていて綺麗ですけど、この意味は」

「それは趣味です」

「あ、趣味ですか」

阿原先生は多面体をお洒落にしたかったようだ。

「これは学生と話していた時に思いついたんですね。正七角形を面とする多面体を作ろうとかそういう話だったと思うんですが、角度が余ってぐにゃぐにゃになってしまって、作れないんですよ。『ダメだね』と言おうとしたんですが、その時ふっと『こういう風に角度を分けたらどうだろう』というのが頭をよぎりましてね。『できる、やってみよう』と。そうして実際に作ってみたら、こんな風にいろいろな形が作れることがわかって」

頭の中で閃いて、実際に手も動かして。

「何だか工作みたいで楽しいですね」

「そうですね、思いついた時とか、作り始めた時はとても楽しいです。ただ、これくらいの規模のものになると……」

阿原先生は大きめのプラモデルほどのハイプレインを、じいっと眺めた。

「もう途中から泣きながら作ってましたね。作るのに二ヶ月くらいかかるんですよ。何百枚と三角形がありますよね。一枚の展開図にはできない構造なので、一つ一つ三角形を紙から切り出して、木工用ボンドをつけて、ピンセットで貼って、乾かしていかないとならないんです。死ぬほど辛いです、これは。集中力もいるし」

何だか阿原先生は、学生の頃からしょっちゅう孤独な戦いを強いられている気がする。

「このハイプレインを扱った本を書いた時、三省堂の書店員の方がハイプレインをポップの代わりに置きたいと言われたんですね。まあ一個くらいなら作ってもいいか、とお受けしたんですよ。そうしたら、五個作ってくれと言われてね……」

頭をかきながら、阿原先生は苦笑した。

「それも泣きながら作りましたよ」

ハイプレインという名前は、阿原先生が名付け親。幾何学用語の双曲平面（hyperbolic plane）が由来だそうだ。

「自分が名前をつけた数学の概念があるというのはちょっと自慢です。まあ、後から『Ahara』とかそういう名前にすればよかったとも思いましたけど」

たくさんの自作のペーパークラフトに囲まれながら、阿原先生は幸せそうだった。

★数学の価値は曖昧

「でもね、これが論文になるのかというと、なりません」

「えっ」

せっかく僕たちにもイメージしやすい数学の話だと思ったのに。

「あ、ハイプレインは一応論文にしたんですけどね。同様の性質を持つ多面体を調べて、双曲平面を多面体で近似する『ハイプレイン多面体』が提案できる……という論文になりました。ただそもそもは論文になる、雑誌に載るようなものじゃないんです」

「ええと、つまり数学の研究として、ホットなものじゃないということでしょうか」

「そうですね、先ほども申し上げたように研究者のやる数学というのは今、とても難しいものになっているので。ハイプレインなんかは、それに対するアンチテーゼというようなところがあります」

でもハイプレインも、図形の問題だ。僕には十分に数学だと思えるのだが。論文にできる、できないってどういう風に決まってくるのだろう？

論文を雑誌に載せるかどうか事前に審査し判断する、査読《さどく》という仕事がある。実際に査読をしていた時期もあるという阿原先生に、僕は疑問をぶつけてみた。

「査読では、まずはその論文が数学として正しいかどうかを確認します。それから適切に表現されているのか、というところも意外と見ます。たとえば小説でも、読者層はこのあたりの年代だからその人が読みやすいように書く、ということがありますよね。実は学術論文にもそれがある」

「でも学術論文の読者って、数学者ですよね？」

「はい。だから同時代の平均的な研究者が読んで、読みやすい論文になっていることが大事なんです。正確であったとしてもやたらに細かいことを書きすぎているなら、もう少し簡潔にした方がいい。逆に途中があまりに飛んでいるようだと、もう少し補足した方がいい。そういった表現の方法についても査読者は見ていきますね。英語の文法ミスとかも」

なるほど。数学者と一口に言っても研究分野からその能力まで、多種多様なのだ。しかし数学の論文を書くのにも小説と同じようなことを考えるとは。

阿原先生は軽く片手を上げて、続けた。

「で、そこからですよね。価値です。数学の論文として価値があるのかどうか、きちんと表明することが査読者には求められます。この価値というのはいくつかの意味があって。一つは歴史上初めてのものであるか。それから難しいのが、多くの人、つまり多くの数学者が興味を持つか。数学として正しいし、英語や文章も適切に書かれていて、数学史上新しい定義だとしても……こんなの誰も興味持たない、って却下されることがあるんです」

ちらりと僕は机の上に転がった、虹色のペーパークラフトを見た。

「ハイプレインはそこで引っかかるんです。『こういう概念を作ってみました』という論文だと、『そんなのいくらでも作ろうとすればできるでしょ』という話なんですよ。その新しい概念が世に出ることで、みんなが頭を悩ませている問題が解決するとか。その論文が切り開いた道に、後に続く論文が現われそうだとか。そういうところを見られます」

確かに小説も、ただ斬新というだけでは誰も買ってくれない。

「でも誰がどれくらい興味を持つかって、主観じゃないですか」

阿原先生は微笑んだ。

「そうです。流行もありますしね。数学の中身は厳密じゃないといけないんですけれど、数学の価値に関する厳密な定義はないんです」

こんなこと言ったら怒られちゃうかもしれませんけど、と阿原先生は前置きして言う。

「偉い先生がそう言ったから価値があるとか、そういうこともあるかも……」

ううむ。

僕と袖山さんは顔を見合わせた。

何だか妙に、身近な話になってきたぞ。

というのも「本」もそうなのだ。権威のある賞を取った本が、急に売れ出すなんてことはある。しかし厳密な価値の定義は読者の心の中にしかないはずで、誰かが決めるべきものでもない。では賞が無意味かといえばそうでもない。良い本を探すための指標として必要だからだ。そんな、どこかフワッとした形で成立している世界。

「あと、また少し別の話になりますけれど。それが数学の論文なのか、という点も重要です。数学の問題が論じられているのか、数学の手法で解決されているのか。僕も論文を落とされたことがありますよ。これはコンピュータの論文かもしれないけれど、数学の論文ではないって。だから四色問題がコンピュータを使って解かれた時も、それって数学の手法としてどうなの、という議論が出たんですね」

僕は身を乗り出した。

「でも、待ってください。時代と共に数学の手法は変わるわけですよね。そしてコンピュータのように、新しく道具として認められるものも出てくる」

原稿用紙に手書きしたものしか受けつけていなかった文学賞が、ワードファイルに対応し、さらにケータイ小説やWEB小説なんかも文学として認められていくように。

「つまり数学は日々変化しているわけですよね。では、何をもって数学の問題とするんですか？　四色問題も地図を塗り分けるという話だから、それも数学というよりはどこか美術やアートの話のような気もするんですが……」

「うん、四色問題はグラフ理論という、数学の命題に落とし込めるんですよね。数学の命題と同じ意味の問題なので、それは数学の問題だと言えるんです」

「命題にできなかったら、数学の問題ではないんでしょうか」

ううん、と阿原先生はしばし言いよどんだ。

「それは……グレーゾーンですね。誰も知らない問題で、見たこともない数学理論で、それが数学だと主張されたとしたら……微妙です、うん」

結局そこも、なんとなくの雰囲気で決まってくるということなのだろうか。

「ただ、数学者が『数学とはこれである』と線引きをしてはいけないんじゃないか、とも思うんです。かつてガロアという数学者が非常に優れた論文を書いたんですけれど、それは当時の数学者には新しすぎて理解できなかった。『これは数学だ』と、誰も思えなかったんです。しかし今では誰もがガロア理論は勉強しますし、それが現代数学の重要な一部になっている。そういうことが歴史上起きているんです」

僕はふうむと頷いた。

小説とはこういうものだ、と決めつけるのは愚かなことだ。だけど誰だって自分の信じるものに従って日々やっていくしかない。何が小説か、何が数学か。考え続けるしか、ないのかもしれない。

★数学者と名乗った途端、三歩下がった人がいる

ふと阿原先生が言う。

「そういえば僕の師匠は、タイトルが決まったら論文は五十パーセント書けたようなもの、ということを言っていましたね」

「タイトルで、ですか？　それはまたどうして」

「解けそうかどうかがわかるということなんです。囲碁や将棋にあるような、完全に読み切れているわけじゃないんだけどこれは詰むはずだとか、そういう未知なものに対する勘《かん》。それが論文を書く能力でもあるんです」

なるほど。タイトルができたということは、これはこのように解けそう、と言語化したに等しいわけだ。

「数学というのは、演繹《えんえき》的に積み上げていった結果『ここに何かがあった』という感じでは

ないんです。まず『ここだな』という。そして『そこに行くには、こうだ』と、ピョンとアイデアだけわかっちゃう、みたいな」

阿原先生は斜め上に視線を向け、空中を眺めた。

「山を見た時、あ、ここからなら登れるなとピンとくる、そういう感覚と同じかもしれません。実際に登れるかは、やってみないとわからない部分もある。数学が美しいという感覚は、そこなんじゃないかなと最近は思っています。何かこう閃いて、わかって。それをひもといていくと非常に論理的にきちんと説明することができるという……その全体が何か気持ちいい。その感覚が、美しいという言葉になって外に出るのではと」

「じゃあ、人間誰しも持っているものでしょうか」

「うん。そんなに特別な、変わった感覚ではないと思います」

ほおと口を開いた僕に、阿原先生は言った。

「数学者って、ちょっと近寄りがたいみたいですよね。最近はそうでもなくなってきましたけど。以前『数学者です』と自己紹介したら、三歩下がった人がいましたから。本当に下がったんですよ、後ずさりってやつですね、あれは。でもそれが普通なんです」

ちょっと緊張してしまう感覚、僕もわかる。だけど今はそんな必要がないこともわかる。数学とは案外柔らかいものなのだ。もちろん中身は厳密で、つけいる隙《すき》もない。しかしその手法も、価値も、流行も、時と共に変わり、そもそも数学とは何かすら、人によって曖昧だ。

なぜなら僕たちの日々と同じように、数学とは人の営みだからなのである。

阿原先生は、ひょいとハイプレインのペーパークラフトを持ち上げた。

「だからこんな図形を見たりして、ロマンを感じたりとか夢を広げていただけると、僕としてもシンパシーを感じるところなんです」

「やっぱり数学者も、できれば自分たちのやっていることをいろんな人に知って欲しい、というのがあるんでしょうか」

阿原先生はうん、と頷いた。

「あると思いますよ。中には無頓着《むとんちゃく》な人もいるでしょうけれど。僕はどちらかと言えば、そうです」

阿原先生の幾何学のレクチャーを受けたイッセイミヤケのクリエイティブディレクター(当時)、藤原大《ふじわらだい》氏はインタビューの中でこんなことを言っている。

「今回の数学の世界は絵にするのも大変な世界でした。絵にできないものがあるという事実は、デザインの仕事をしていて、ちょっとショッキングな出来事でした」

しかしそこからインスピレーションを得て行われた、二〇一〇-一一年秋冬のパリ・コレクションは、大盛況に終わった。幾何化予想を生み出した大数学者のウィリアム・サーストンも、数学のことなど何も知らない一般市民も、共に笑い、数学とファッションとの融合を楽しんだ。

知らない世界から三歩下がるのではなく、一歩ずつ進んで手を握り合った時、ちょっと楽しいことが起きるのかもしれない。

11 頑張っても、そこには何もなかった

高瀬《たかせ》正仁《まさひと》先生（数学者・数学史家）

たくさんの数学者にお会いして、ずいぶん数学への誤解が解けたように思う。自分の身の回りにも数学があり、恩恵を受けていることもわかってきた。

だが、忘れてはならないことがある。

それでもやはり、数学はつまらないんじゃないか？

「お話を聞いたところで、今日からすぐに数学が楽しめるわけではありませんしね」

「私も、なんかすごく魅力的、楽しそうで羨《うらや》ましい！　というところまでは行くんですが、やっぱりわからないものはわからないです」

僕と編集の袖山さんは互いに頷き合う。

そうなのだ。

個人的に数学書をいろいろと買って読んでみたのだが、これがなかなかのめり込めない。

確かに一つ一つ用語を調べながら読み進めていくと、理解はできる。だが、続きが気になる！　とまでならないのが正直なところだ。

これは僕たちに数学の才能がないからなのだろうか。人間として、彼らと何かが決定的に違っているからなのだろうか。いずれにしろ手に入らないのであれば酸っぱい葡萄《ぶどう》になってしまう。数学を手放しで褒められない、何だかもやもやした気持ちが残っていた。

そんな時だった。

僕は初めて「数学はつまらない」と言ってくれる数学者の先生に出会ったのである。

★数学に「魅力的な何か」はなかった

「今の数学はね、面白くないですよ」

高瀬正仁先生はまるで古くからの友達と世間話でもするかのように、ざっくばらんに語ってくれた。今年六十七歳になる高瀬先生が数学に興味を持ったのは、高校に入る直前の春だったという。

「山奥の中学を出て都会の高校に行くので、楽しみでね。教科書をいろいろと見ていたんですよ。そうしたら数学の教科書だけは、何だか変な感じがした。それが初めの衝撃でした」

確かに数学の教科書は異質だ。二次関数。不等式。三角比。順列・組み合わせ。一つ一つの単元が唐突に現われて、どこから来たのかどこへ向かうのか、さっぱりわからない。

歴史なら、縄文《じょうもん》時代から始まってやがて江戸時代、明治時代、そして現在に繋がるのだとわかる。生物なら、私たちの周りには植物がいて動物がいて、実は彼らの仕組みはこうなっているのですと続いていく。自分と地続きの感覚がある。

「数学というのは何なんだ、一体何を研究する学問なんだろう、と思ったんです。それでね、高校一年生の時に数学者のエッセイを読んでみたんです。岡潔先生のエッセイでしたね。そこに数学とは人の心、すなわち情緒《じょうちょ》を数学という形式で表現する学問である、というように書かれていたんですね」

「まるで芸術のような物言いじゃないですか！」

ええ、と頷いて高瀬先生は続ける。

「大変衝撃を受けました。数学は○○だ、ということは他のどこにも書かれていなくてね、岡先生だけが書いていたんです。しかも意味がわからなかった」

「意味はわからなかったんですね」

「けれど、この言葉には何か魅力がありますね。そこからです、数学に関心を持ち始めました。もっとよく知りたいと。でも受験の数学の勉強なんかやりますよね。いくらやったってそこには情緒が表現されていないように感じるんですよ」

「確かに、僕も同感です」

「ただ問題を解くだけで、別に面白くもおかしくもない。いや面白くないのは別にいいけど、情緒はどこにあるんだろう、何か変だなと。でもとにかく大学に行けば岡先生のような数学者がいっぱいいて、情緒に溢れた世界が待っているのだろうと思って、それを励みに勉強したんです」

そして見事東京大学に合格した高瀬先生だったが、入ってみてがっかりしたのだという。

「岡先生のような人はいないんです。一人も。数学もね、面白くないままでしたね。数学の本を読もうとしてもすぐわからなくなる。だらだら書いてあるのを、我慢して読むんです。数学の概念や技術を覚えて、使いこなせるようにしながら。これにものすごい時間がかかるんですけどね。するといつか最後まで読み終えます。書いてある命題を再現できるようになる。だけど、さて自分は何を学んだのだろう、何がわかったのだろうと自問すると、これが答えられないんです」

そうなのである。僕も数学の本を読んでいて、似たような経験をした。

「だからつまらない。一つ終えてつまらなくても、また次を頑張って学びますよ。しょうがないですよね、これが数学だって言うんだから。その先には岡先生の言うような情緒が、魅力的な何かがあると信じて我慢してきたわけです。でもね、今にして思えば、なかったんです。情緒なんてものは数学にはなかった。ないものねだりでした」

「それでも高瀬先生は、数学の研究者としてやってきたわけですよね」

「やったけど……大学の教員としては失格でしたね。だって面白くないんだもん。つまり岡先生の数学が、僕の求めていた数学なんですよ。そこで僕は岡先生の論文を読むようになり、さらに数学の古典を読むようになり、そうして昔へと遡《さかのぼ》っていきました。だから数学史家としてやってきたような感じなんです」

★亀がわーっと立ち上がる数学

数学史を調べ始めてからも、高瀬先生の志は常に数学にあったという。

「要するにね、今の数学というのは情緒とか、そういうものがないように作られてしまっているんですよ」

「今の、ということは昔は違ったんでしょうか？」

「一九三〇年代からです。第一次大戦が終わって少し過ぎたあたりから、今のような方向に流れてきてしまった。実は古典の世界を見回すと、岡先生のような人がたくさんいるんですよ。だからここ百年ほど、数学は方向を間違えていると思うんです」

だとしたら、僕たちは生まれた時からずっと、高瀬先生の言うところの間違った数学をやっていたことになる。これまでお話を聞いてきた先生方も、間違った数学の世界で生きている人ということになってしまう。

「昔の数学と今の数学は、何が違うんでしょう？」

僕は聞いてみた。高瀬先生は例として、こんなエピソードを教えてくれた。

「鶴亀算と連立方程式のようなものなんです。鶴亀算から考えてみましょう。鶴と亀が合わせて10匹いて、足が合計30本見えているとします。それぞれ何匹ずついるか、という問題ですね。じゃあここで亀が全部立ち上がったとしましょう。4本足の亀が2本足で立ち上がる。すると亀1匹につき2本、足が減るわけです。全部で10匹いるわけだから足の総数は20本になる。ということは減ってしまった10本を、亀1匹あたりの2本で割れば、亀が5匹と導き出せる」

「考えてみれば、面白いアイデアですよね」

「亀がわーっと立ち上がった情景を思い浮かべた瞬間、パッと解けますね。発見の快感や喜びがあります。でも鶴亀算には汎用性がない。他の問題には応用できないわけです」

確かに鶴と亀それぞれの頭と足の数だけわかっていて、亀の数を知りたい時というのは人生の中でそう頻繁《ひんぱん》に訪れそうもない。

「これを代数の言葉で表現すると、連立方程式になります。鶴を x、亀を y と置いて式を作る。x＋y＝10、2x＋4y＝30という、二つの式ができますね。あとは等号が崩れないように、代数の規則に沿って式変形をしていけばxとyが求められるわけです。これはいろいろな問題に応用ができますね。食塩水の濃度でも、自転車の速度でも、二人の人間の年齢でも、未知数の数だけ式が作れれば解けてしまう。解く力が大変強力なんですよ」

確かに中学校でいろんな文章題を、連立方程式で解いたような覚えがある。

「昔の数学が、鶴亀算。岡先生の数学は亀が立ち上がるんですよ。でも今の数学は、連立方程式。解く力は強いけれど、一般化されてしまっている。これまでの数学は鶴亀算のような世界だったのに、ここ最近だけそうじゃなくなってしまったのです」

「解く力が強いに越したことはないんじゃないですか？　僕は連立方程式を初めて知った時、魔法の道具を手に入れたような気がしましたけれど」

「もちろんそういうテクニカルな快感はありますよ。でもね、こうして抽象化が進むと感動は失われてしまうんです。それが現代数学なんです」

なるほど。

確かに鶴と亀が池の中でわいわいやっていて、突然亀が立ち上がる様には、生き生きとした情景がある。それがxとyというものに置き換えられた瞬間、それは物言わぬ無味乾燥な記号になってしまう。

　これがどんどん進んでいくと、迫りくる試験のために数学の参考書をぼーっと眺め、さっぱり意味がわからないなあと思いながらページをめくる、あのなんとも言えない退屈な気持ちに繋がるのだろうか。

「一つ象徴的なのが、『岡・カルタンの理論』です。岡先生が作った多変数関数論という数学の分野があります。これはフランスの数学者のアンリ・カルタンと互いに刺激し合うような形で、作り上げられていきました。このカルタンという人は、アンドレ・ヴェイユと共に現代数学を作った人なんですね。ある時フランス数学会の機関誌に、岡先生の連作『多変数解析関数について』の七番目の論文が載ることになります。一九五〇年。巻頭論文でした。で、その次に載っている論文がカルタンの論文なんですけれど、これは岡先生の論文を一年ほどかけて全面的に書き直したものなんです」

「え？　同じ論文なんですか？」

「論理的には同じですね、でもものすごく大きな乖離《かいり》がある。岡先生の論文はさっきのたとえで言う鶴亀算で、カルタンの論文は連立方程式なんです。つまり『岡の言っているのはこういうことである』と、カルタンたちが作っていた新しい数学の形に、抽象化して組み込んだわけです。こうしてできたのが岡・カルタンの理論。ホモロジー代数……層係数《そうけいすう》コホモロジーという新しい代数です」

つまり昔の数学と、今の数学がすれ違った瞬間の一つということなのか。

「ホモロジー代数は大成功を収めました。多変数関数論だけでなく、様々な分野に応用が利いたんですよ。数学の世界に非常に大きな土台を作りまして、その上に代数幾何学なんかもできた。難問だったフェルマー予想を解くことにも繋がっていったんです。これで岡先生は一挙に有名になった。業績を絶賛された。でもね」

高瀬先生は声のトーンを落とした。

「岡先生はそのカルタンの論文が、非常に嫌いでした。教科書にはカルタンの論文の方が載って、岡先生の論文は読まれなくなって。有名になった岡先生のもとに、学生たちが訪ねてきたりするわけですよ、カルタンの理論を教科書で読んだ学生がね。でも『あんなのは私の理論じゃない』と。怒られた方は何で怒られたのかよくわからない、尊敬しているのにね」

「そうか。難問を鶴亀算で解いた人が、連立方程式がそこからできたと言われても嬉しくないわけですね。食い違っているんですね」

「岡先生の論文も、カルタンによって手直しされているんです。最も言いたかった部分が削除されてしまっている。それは何かというと、主観的な部分です。私は何のためにこの論文を書いたか、という言葉が序文からみんな消えてしまってるんです。カルタンからすればそんなものは不要なんですよ」

「どうしてですか？」

「今の数学は、主観を書いてはならないことになってるんです。客観性を重視するためにね。数学を研究する意図とか動機とか、そういうのは書くと指導教員に怒られちゃうんです。淡々と、命題と証明だけ書けばいいというわけなんです」

何だかそれも寂しいなあ。

「つまり個人的な発想のようなものは、特殊な方法ということで、値打ちを見いださないんです。代わりに普遍性、一般性、厳密性に重きを置く」

だんだんわかってきた。確かに亀がわーっと立ち上がるアイデアは、そう簡単には思いつかない。天才、あるいは道を極めた職人の神業のようなもので、誰もが真似できるものじゃない。

一方の連立方程式は、一度覚えてしまえば誰でも問題を解くことができる。天才でなくても、ごく普通の人でも。

「とても便利な道具にはなりますよ。誰もがわかるものに。今の数学はある意味では非常に簡単で、前から読んでいけばちゃんとロジックが追えるようになっているんです。ある程度の訓練はいりますけれど、それは教習所で習う車の運転だったり、パソコンの操作方法だったり、そういった部類の訓練です。特段の才能はいらない。ただ、面白くもなんともないわけです」

確かに車の運転そのものや、パソコンの操作そのものが面白いというのは、想像しづらい。

「芸術性が失われてしまうんですよ。岡先生の言う、情緒がなくなるわけです。そうしたら何のために数学をやるんですか。自分の感動とは結びつかないものをただ勉強し続けるなんて、おかしいですよね」

ううむ。僕は考え込んでしまった。

国民国家が成長し、総力戦が起きるようになった時代に、数学の転換は起きている。一部の貴族の特権が、国民に開かれていく大きな流れの中だった。全ての人が教育を受け、選挙に行き、そして戦争にも駆り出される時代。

もしかしたら現代数学を作った人たちは、天才にのみ許されていた数学という神秘の世界を、あらゆる人に与えようとしたのかもしれない。車の運転やパソコンの操作のように、練習すれば誰でも使える道具にしたかったのかもしれない。

「抽象化の動機ですか。そういうことは、もしかしたらあるかもしれませんね。現代数学の基礎を作ったデデキントや、コーシーは学校で教えようとするにあたって、数や関数の定義を作ろうという動機を抱いたようですからね」

それはそれで意義あることだ。しかし、同時に神秘の失墜《しっつい》も意味している。

たとえば漆器《しっき》だって、一つ一つ職人が手作りしていた頃は高価で、誰もが気軽に使えるようなものではなかった。しかし今は大量生産されるようになり、質にこだわらなければ百円ショップでも買えてしまう。便利と言えば便利だが、しかし昔の人が漆器に抱いていたロマンを、職人が込めていた魂を、僕たちは失っているのかもしれない。

同じことが数学に起きているとしたら。

高瀬先生は続けた。

「岡先生の連作の十番目の論文、最後の論文ですね。この序文に現代数学への批判が書かれているんですよ。私はこの状況は冬景色であると思う、と。もう一度、春の季節を感じさせるようなものを書きたいと思って、この論文を書く、と……」

★一枚の大きな絵を描くように、数学をしていた

確かに数学はちょっと冬っぽいかもしれない。

人の温もりが感じられないのである。

数学の教科書にいたずら書きをした記憶がない。というのも、人の写真が全然載っていなかったからだ。国語や社会はもちろん、化学や生物ですらたまに偉人の顔写真が載っていてヒゲを書き加えられるのに。数学は意図的に、人間の気配を消そうとしている学問に思えた。

鶴をxにして、亀をyにして。論文から主観を切り取って、誰にでも扱えるようなものにして。誰にでも扱えるということは、ある意味誰の存在も前提にしないということで、どこか冷たい印象を受ける。

ただ、そんな媚《こ》びない完璧さこそが、数学のかっこよさに思えたりもするのだが。

「人と人との繋がりは、数学において本来非常に濃厚だったんですよ。それが断ち切られてしまうんです。二つの大戦を経て、フランスでは数学者がいっぱい死んでしまいます。カルタンやヴェイユの数学、現代数学だけが生き残った。ドイツの数学も全滅してしまった。残った数学者はアメリカに行って、アメリカナイズされてしまった。そこに断絶があるんですね」

「冬景色数学が主流になってしまって、今に至ると」

「でもね、みんな数学は進歩し続けているという考えなんですよ。断絶があると言ってるのは、僕だけ」

「あのう、今の数学にはどんな問題があるんでしょうか。面白くない、というのはわかったんですが。その他には」

「問題を作ることができない、というのが僕の考えですね」

高瀬先生は一つ頷く。

「問題を解く力は非常に強くなりました。だからヴェイユ予想なんかも解けた。それが現代数学の最大の成果です。でもね、その問題というのは鶴亀算の世界から引っ張ってきたものなんです。リーマンとかね、アーベル、クロネッカー、ヒルベルトといった鶴亀算の世界の人たちが作った問題について、現代数学で匹敵する問題はこれだ、として一種のまがい物を作る。そのまがい物を解いているわけです。現代数学の中で自ずと生まれたものじゃないんですよ」

「なんというか、試験管の中での実験にだけ成功しているようなものでしょうか」

「そんな感じですね。問題がそういう風にしか作れなくなっちゃったんですよ。それもだんだん細かくなって、問題がマニアックなものになっていく。同じ専門分野の人しか理解できないような問題になって、だから交流が必要になって、それを共同研究と称している状態なわけです。仲間内で細分化されてしまった」

「そう聞くと、どんどん先細りになってしまっているような……」

「だから苦し紛れにね、実学と繋がろうとしています。数学を実社会に活かしていこうという方向に、生きる道を探しているんですよ。暗号の研究とかね」

口調は相変わらず柔らかなものの、現代の数学は堕落《だらく》している、と言わんばかりの高瀬先生の言葉であった。

「昔の数学では、問題はどんな風に作っていたんでしょうか？」

「ガウスを例にしましょうか。彼は十七歳の時にある素晴らしい、一つの発見をしました。でもね、その真理の背景には何やら巨大なものが隠されていて、その一角だけが見えるような感じがしたと書いているんです。その巨大な何かを明らかにしたいと思ったと」

「そうか。問題は衝動として、人から出てくるわけですね」

「はい、そういった明らかにしたいこと、知りたいこと、作り上げたいこと。岡先生の言う情緒。数学という枠の中で自己表現したいわけですね、そのように問題は生まれるんです」

だとすると、問題を作ることと解くことは一繫《ひとつな》がりの行為だ。それが解く力ばかり強くなっても、何かがおかしいことになる。

「昔の数学は、自分の持っている数学の世界観を使って、一枚の大きな絵を描くような行為だったんです。その絵を描くための顔料から何から全部自分で揃えて、そして解けると信じて向かっていくわけですよ」

その人にとって、解こうとする気持ちの部分はとても重要なポイントだ。岡の論文の「私は何のためにこの論文を書いたか」という序文を、削除してしまったカルタン。二人の考え方ははっきり正反対である。

「じゃあ数学って極めて個人的な行為だったんですかね」

「岡先生の序文もそうだし、フェルマーなんかもね、あの人は手紙をたくさん書いているんですよね。そこに私はこんな定理を発見した、これを私は『テオレム・フォンダメンタル』、日本語なら『基本定理』ですね、そう呼ぶんだとかって書いてある。フェルマーの気持ちが、感動が、伝わってきますよ。それを継承し繋げていくものなんです。僕が思うに、これが数学の感動じゃないでしょうか」

「フェルマーの理論そのものが感動的なのではなく、フェルマーという人の気持ちに感動するんですね」

「そうです。理論そのものに感動するというのは、僕はよくわからないんですよ。よく美しい数式とかって言われますけれど、数式はただの数式だと思うんです。オイラーの $e^{\pi i}=-1$ とかもね、美しい数式の代表格のように言われていますが、ただの式ですよ、式。でもそこに至るまでオイラーがどのように考えて、何の正体を突き止めようとして、一歩一歩進んでいったか。迷ったり、悩んだり、閃いたり。それが論文には書かれているんですけれど、それは感動的ですね。オイラーに共感を覚えるんですよ」

式だけ教科書に載せていくから、ただの暗記物になってしまうんです。高瀬先生はぼそりと言う。

「何だか、今と昔ではずいぶん食い違っていますね」

「今は本末が転倒しているんですよ。つまらない些末《さまつ》な、けれど難しい問題を、巨大な理論を構築して解くわけですね。このできあがった理論を数学の発展だと考えるんです。解けた問題自体はまあつまらないけれど、数学を発展させるきっかけになってくれたと見なすのです」

数学の方が偉くなっちゃったんだろうか。

人が何かを表現するための一つの手段であった数学。高瀬先生の考えを聞くと、まるで偉大なる数学を発展させ、維持するために、人が滅私奉公しているようだ。

大きなものになりすぎると、息苦しくなってくる人も現れる。それは数学だけでなく、社会や企業、あるいは文明なんかでも同じだ。

★昔の数学を復原させたい

ほとんど休憩せずに、僕と高瀬先生は三時間ほども話し込んでいた。ふと、高瀬先生が困ったように笑う。

「他の先生方は、どんな風に話していましたか。僕みたいなこと、おっしゃっていました？」

実は高瀬先生は、初めはインタビューを辞退するつもりだったのである。そこに僕は無理を言って会ってもらったのだった。

「僕は今の数学は冬景色だと思います。でもね、それが数学なんだと飲み込める方もいるんですよ。そういう人が大学の先生になっていきますね。現代の数学の中で生きている人たちの中に入っていって、冬景色だとかそういうことを言うのは場違いというか、悪くてね。何だか悪口を言っているみたいになるでしょう」

「でも僕は、おかげで数学に抱いていたもやもやが、また一つ晴れたような気がします。ずっと冬景色数学をやってきたのだとすると、入り込めなかった理由も説明できる気がするんですよ。他の先生は、そうですね……」

僕はこれまでインタビューさせていただいた先生方を思い浮かべた。いろいろな方がいた。加藤文元先生や、千葉逸人先生、渕野昌さんは、現代数学に惚れ込み、それこそ豊かな情緒を見いだして、バリバリやられている方のように思う。学者ではないが、「大人のための数学教室　和《なごみ》」の堀口智之先生や、松中宏樹先生もそうかもしれない。現代数学の美しさを愛し、社会のニーズと繋げる仕事を精力的に行っている。高瀬先生とは意見が合わないかもしれない。

「でも理論だけではなく、人についての感動を語ってくれた方もいましたよ」

黒川信重先生がそうだった。オイラーの論文を読むと勇気が出てくる、などと教えてくれた。加藤文元先生はガロアの足取りをたどるという数学の楽しみ方があると教えてくれた。津田一郎先生は、数学とは「人の心」だと言い切っていた。

「同じような問題点に言及してくださった方もいます」

阿原一志先生は、数学が難しくなりすぎて一度嫌になった、と言っていた。そしてハイプレインなど、好きな分野の研究をしつつ仕事を続けている。黒川先生も、今の数学は難しくなりすぎているので、どこかで新しいものに生まれ変わるのでは、とおっしゃっていた。

「独自の楽しみ方を見つけたり、探している最中の方もいました」

お笑い芸人のタカタ先生は、数学をエンターテイメントとして誰でも楽しめるものにしようとしていた。数学好きの中学生、通称ゼータ兄貴は、数学とどう付き合うか、そもそも数学とは何なのか、まだ模索中だった。

人の数だけ数学への思いがあった。

数学を創造する人がいて、数学を学ぶ人がいて、数学を教える人がいて、数学で遊ぶ人がいて、そして数学が苦手な人がいた。

高瀬先生はうんうん、と僕の話に頷いてくれた。

「何らかの、自分の興味の持てそうな部分を見つけて、やっていける人が数学者になるんですよ。そうなれない人は脱落してしまうんじゃないかな」

確かに数学研究の道から離れてしまう人の話は、いくつも聞いた。どんな理由だったのかは本人に聞くほかないが、もしかしたら高瀬先生と同じ思いだった人がいたかもしれない。

「僕はね、古典の数学を復原したいんですよ。つまり岡先生のような数学ですね。共感する人がいないかと思って、古典を翻訳したり、本を書いたりしているんです。でも同好の士はなかなか現われないですねえ……」

にこにこ笑ってはいたが、高瀬先生は少し寂しそうだった。

今の数学、昔の数学。

いろいろな変化があることはわかった。それを進歩と呼ぶか、断絶と呼ぶか、僕自身は結論を出すつもりはない。個人の捉え方を尊重したいからだ。

たぶん昔は昔で、今は今で、問題や不満はそれぞれにあったのではないか。そして人の好みもいろいろで、その時点での数学にどっぷり入り込める人もいれば、妥協しながら付き合ってきた人もいるのだろう。

「戦後にね、新数学人集団というのがあったんですよ。略してＳＳＳ。谷山豊《たにやまとよ》という数学者が中心になって作った団体で、共に数学を学ぼうとしていたんですね。彼らは現代数学、つまり当時の新しい数学に憧れを持っていましたよ」

高瀬先生は、どこか遠くを見る。

「冬景色だとは思っていませんでした。深い内容を持った新しい学問が、これからできていくんだと思っていたようです。でもね、その機関誌の原稿を見ると、率直にこんなことが書かれているわけですよ。新しい数学の勉強をしていて、非常に困ったことがある。それは何をやっているのかわからなくなることである、と」

それはまさに、数学がつまらない時の気持ちじゃないか。

彼らの中にも迷いがあったのかもしれない。

「たとえばフィールズ賞の初期の頃のテーマを見るとですね、ローラン・シュヴァルツの超関数論とか、ルネ・トムのコボルディズムとか、ジョン・ミルナーの微分トポロジーの7次元エキゾチック球面とか……どれもすごそうな感じがして、何かここに素晴らしいものがあるんじゃないか、非常に心を打たれるようなところにいつか行き着くのではないかというものが並んでいるんですよ。だから頑張って勉強しようとする。でもね、僕の場合は頑張っても、何も得られなかった。そこには何もなかったのです」

そう考えると、何だか切ない話でもある。

「岡先生がね、現代数学を作ったアンドレ・ヴェイユと会っているんですよ。そこでこういう話をしたそうです。岡先生が聞きました、あなた方のやっている集合論というのは何が面白いんですかと」

どんな数学者にもそれぞれの思いがあり、誠実で、努力している。それは現代数学でも古典の数学でも同じはずなのに。

「ヴェイユの答えは、『数学というものは、何もない場所に何かがあると言わなければならないことがある。そういう時、集合という言葉は非常に便利だ』でした。そりゃそうですけれど、だったら子供の玩具《おもちゃ》のようなものじゃないかと。岡先生はそう、未刊のエッセイに書いています」

岡とヴェイユの思いがこうも食い違うように、決定的な断絶も生まれうるのだ。

全ての数学者が幸せになれればいいのに、と思わざるを得なかった。

★これからの数学

高瀬先生は現代数学に批判的な立場である。嫌っていると言ってもいい。しかし高瀬先生は自分の気持ちに誠実に、求める数学を探し続け、古典の数学に行き着いた。そして自分と共鳴し合う仲間を求めて発信を続けている。

そんな高瀬先生が数学嫌いだとは、僕には思えない。むしろ大好きと言っていいんじゃないだろうか。

エスカレーターを降りたところで礼をして、僕たちは別れた。最後まで朗らかだった高瀬先生の遠ざかっていく背中を見ながら、ふと、自分にも当てはまることなんじゃないかと思った。

数学がつまらない、嫌いだと思った時、僕は数学の本をぽいと投げ出して他のことを始めてしまっていた。しかし嫌いな数学があるということは、その反対に好きな数学がどこかにあるのかもしれないのだ。

それを探す旅に出てもいい。現代数学の中で他の分野を学ぶのもいいし、古典と向き合ってもいい。世界の違う場所に探しに行ってもいい。あるいは自分で作り上げてもいいのだ。全く新しい、自分が面白いと思う数学を。

渕野昌さんに、「本当の数学って何なんですか」と聞いたことがある。少しの沈黙の後、こう答えてくれた。

「その人が数学だと思ってやっていることが、数学でしょう」

数多の数学者が今日も研究を続けている。仮に現代数学が行き詰まっているとしても、どこかで誰かが新しい数学を、芽吹かせつつあるだろう。

数学の未来は決して暗くないと、僕は信じる。

12　世にも美しき数学者たちの日常

黒川信重先生、黒川栄子《えいこ》さん、黒川陽子《ようこ》さん

「あの人を天才だと思ったことは一度もないですよ。家の中では天才扱いされませんね」

奥様があまりにきっぱりと言ってのけるので、僕はおそるおそる聞く。

「でも数学でずっと食べてきて、今でも新たな論文を次々に手がけてらっしゃる黒川信重先生は、すごい人だと思うのですが」

「数学という一際《ひときわ》輝く星があったので人様に『先生』と呼んでいただけるような人にはなりましたけど、なかったらただの変わった人ですからねえ」

ふふふ、と笑ってから、はたと手を打った。

「ああ、でも部屋を片付けている時にはちょっと思うかもしれない」

「それはどういうことですか？」

「書類や本が、大量にあるわけです。それで三部屋潰《つぶ》してるくらいなんですけれど。散らか

っているものを眺めているとね、ちょっと……いろんなジャンルのものがあるんですよ。雑誌であったりパンフレットであったり、本でも数学はもちろん、物理の本もある、化学の本もある、生物も、植物も、歴史とか文学のものまで、それらが全部いっしょくたになっている。普通数学だったら数学、こちらは娯楽、というように分けておくものだと思うんですよね。でも全部ごちゃまぜ。食べ物、飲み物なんかもそこに散らかしてる。で、本人は適当な本を枕にしながら寝ているという」

すごい光景だ。

「それを見るとね、もしかしたら天才なのかなって思います。やっぱり常人じゃない」

「そこから美しい数学の理論が出てくると思うと、頭の中で何が起きているのかわかりませんね」

「普通の人間じゃ耐えられないわよ、あれ」

呆れたように、奥様は呟いた。

「どうも、ご無沙汰しております」

僕はやってきた黒川信重先生に頭を下げた。

「いえいえ、どうも、どうも」

黒川先生は相変わらずにこやかに笑いながら、大きな体を揺らして頭を下げると、ソファ席に腰かけた。店員さんにコーヒーを注文してから、僕はお礼を言う。

「先日はお世話になりました。あと、いつも連載の感想を送ってくださって本当にありがとうございます」

「連載はもう、二年くらいになります？」

「一年と少しです。去年の十一月号、黒川先生にインタビューする回から始まりました」

袖山さんと一緒に東京工業大学を訪問した日が、ずいぶん昔のように思えた。人生で初めて数学者に会うということで、かなり緊張して向かったものだ。あれから黒川先生は退職して東京工業大学を去ったが、今なお連載や講演を抱え、忙しい日々を過ごしている。

「いろいろな数学に関わる方にお話を聞いてきたんですが、すっかり数学のイメージが変わりました」

「あ、そうですか」

「楽しそうに数学をしている方もいましたし、古典数学こそが素晴らしい、現代数学は冬景色だとおっしゃる方もいました。数学でお笑いをやっている人もいます。明らかに一般人とは違う雰囲気の方もいれば、とても話しやすい方もいたり」

「世間的には、数学以外はまるでダメってのが期待されている数学者像なのかもしれませんけどね」

黒川先生はにこにこする。

「今回はわがまま申し上げてすみません。最終回ということでもう一度黒川先生にお時間をいただいて、僕の中で数学について何か答えを出したかったんです」

ちょっと生意気な言い方かもしれなかったが、黒川先生はあっさりと頷いてくれた。

「わかりました、はい、それはもちろん責任上。はい」


「私が主人の仕事の手伝いをするってことは、全くないです」

奥様ははっきりした物言いをする人だが、口調は物静かだ。

「黒川先生って数学の本もたくさん書いてらっしゃいますけれど、そういったものに奥様も目を通されたりはするんですか」

「見ません」

これもまた、きっぱり。

「数式が出てくるだけでわからなくなります。ですから私、数式を除いて文字の部分だけ読みたい、って言ったら本人笑い出すんですよね。『ママはそういう風に読むの』って」

その方が多くの人が読めるものになると思うんですけど、と奥様はこぼす。

「この間も『2のマイナス30何乗』とか出てきて、マイナスの乗って一体何なのって怒ったら、笑うんですよ。『だから分数だよ』って言うんですけど。だったら分数で書けば私にもわかるのに、なんでわざわざマイナスを使うのか」

「黒川先生のやっている数学の世界、全部理解してみたいと思ったことはありますか？」

「ないです。理解できないよね、しようと思っても」

奥様の栄子さんはちらりと隣を見る。そこに座っているのは娘さんの陽子さんだ。彼女も「うん」と頷いた。

「もし理解できるとしたら、どうでしょう」

そこで少し奥様は考え込んでから、口を開いた。

「そもそも私は文系でしたもので。文系と文系だと喧嘩《けんか》になってしまうと思うんですね。でも文系と理系であれば、互いに尊敬できるかなと」

「互いに別々の世界だから、ということですかね」

「そうです。だから私は読みません。主人が『できたよ』と本を持ってきても、確認するのは『何冊くらい売れたの』くらいのもの。で、何十冊、印税が七千円とか聞きますでしょ、そこで『ミリオンセラーを目指しなさい』とちょっといじって、それで終わりです」

理解できないところがあるからこそ尊敬できて、尊敬しているからこそいじったりすることもできるのだろう。

「一番驚いたのは、数学って思ったよりもずっと広い世界なんだ、ということなんです」

黒川先生に向かって、僕は自分の考えをぶつけていく。

「受験勉強でやった数学は、正直現実と何が関係しているのかよくわかりませんでした。何だか特殊な世界に思えたんです。でも、数学は実はいろんなところに隠れている。味噌汁の対流とか、観光地での橋の渡り方とか、飲み物に砂糖を混ぜる動きとか」

「うん。だから、数学というのは一つの言語だと思いますね」

黒川先生は頷いてくれる。

「日本語とか、英語とか、いろんな言語の一つとして数学というものがあると。この言語を使うとある種の事柄が非常に精密に書ける、そういうことだと思うんです。日本語で容易に扱えることを無理に数学で書く必要はないんだけど、中には数学で書くことで、とてもよく理解できるような物事があるわけです」

「たとえば、どういったことでしょう」

「『何かが存在しない』ということを証明しようとすると、普通の言葉では水掛け論になっちゃいますよね。ないものは見せられない、とか。でも数学であれば五次方程式の解の公式は存在しない、と理論的に示すことができる。ないことを証明するというのは数学の使い方として、一つの定番です」

「そういう利点を持った言語、ということなんですね」

「そうですね。だから今までになかったことをやるのが非常に得意な言語のような気がするんです。特に僕は誰もやっていないような数学をやるのが趣味なんですね。『多重三角関数論』は僕が作ったということになっているんですけれど、そういうものを作るのは単純に面白いですね」

数学者にもいろいろな人がいるというよりは、もともといろいろな人がいて、たまたま共通言語として数学という言葉を使っているということになるのだろうか。

「ええ、それが一つありますね。あとは、日本語にも古語と現代語がありますよね。数学にもそういう差があるんですよ。少なくとも三千年続いてきている言語ですから」

日本語ですら次々に新しい言葉が生まれ、古い言葉が消えていく。年配の方と若者で話が噛み合わないなんて、よくあることだ。数学の三千年の重みを思うとくらっときてしまう。

「どの部分をやろうとしているかによっても変わってくるわけですよ。古典をやってる人もいれば、現代の最先端を行く人もいる。現代数学と言っても、できあがったものがあるわけではないので。常に変化しているし、いろいろな試みをあちこちでやっているんです」

「数学というものの捉え方も、人によって違っていました。美しい理論そのものを見ている人もいれば、そこに至るまでの数学者の生き様を見ている人もいる。学校の教科の一つという狭い見方もあれば、太古から続く人類の知性の大きな流れという見方もあって。数学をやっている人と言っても、なかなか一括《ひとくく》りにはできませんね」

「ええ、大きく『日本語を話す人』というような枠組みくらいはありますけれど。数学には方言のようなものもあるんですよ。標準語では表せない、方言だけにある表現もある。でも方言も、ある程度のバリエーションとしてわかるんですね。公理とかそういう決まりがあるので、微妙なニュアンスはわからないかもしれないけれど、大意はわかる」

だからたくさんの人がそこで共存できるのだろう。黒川先生は続けた。

「現代音楽では、前衛的なものがありますよね。ジョン・ケージが作曲した『四分三十三秒』とか」

「はい、四分と三十三秒の間、一切演奏しないという曲ですよね」

「数学でもそういったものがあるんです。たとえば『一元体上の数学』っていうのは前衛音楽に近いんですよ。つまりそんなものは存在しないだろうと言う人もいるんです。だけどそれはある意味において存在して、うまく使えば理論ができる。僕はちょうどそのへんをやっているんです」

「広いですね、数学の裾野《すその》は」

「どこまでを数学の論理として許すべきか、という議論ももちろんあります。『数学基礎論』と言います。国語で言うなら文法ですね、文法に非常に関心があって研究している人もいるわけです。一方で文法に深入りするつもりはなくて、もっと現実の問題を解くことに熱心な人もいる」

まさに言語だ。使い方はその人次第。

数学は実際、日本語とは全く別の言語だと思う。だからこそ理系と文系は分かれる。だけど日本語も数学も同じ「言葉」だと考えれば、どっちも文系と言えるかもしれない。境目を入れるか入れないかは自由なのだ。

「黒川先生って、普段はどんな感じなんでしょうか」

僕の質問に、奥様と陽子さんは顔を見合わせた。

「電車に乗ると、おもむろにメモを取り始めます」

「家族旅行の時とかでも？」

「そうです。一緒に景色とか見ていても、頭の中は数学でいっぱいで、あまり見てないと思いますね。何て言ったらいいかしらね」

奥様は一つ例を出してくれた。

「先日も出かける時に、『手土産は玄関の袋に入っていますからね』と伝えたわけです。『じゃあこれを持っていけばいいんだね』と彼が取り上げたのが、除草剤とか肥料が入っている白いビニール袋なんですよ。こっちにちゃんと紙袋に入れたものがあるのにどうしてそっちを選んじゃうのかなって」

「中を確認しないんですね」

「見えてないんだと思います。行ってそこにあったものを『これか』と思ってしまう。昔、綺麗《きれい》好きのお姉さんが彼の教科書を全部包装紙でカバーしちゃったことがあるそうなんですけれど、それで昨日と違う状況にびっくりしてしまって、一時間くらい教科書が見つからずにずっと捜していたとか」

ちょっと融通が利かないのだろうか。

「父と私と弟の三人で、自転車で図書館に行ったことがあるんです」

今度は陽子さんが言う。

「父、私、弟と大きい順に並んでいるので、父からは一番後ろが見えないんですよ。結構ギリギリで車道を渡ったりするので、弟が轢《ひ》かれそうになったりとか」

奥様が頷いた。

「気づかないのよ。自分のペースでペダルを踏んでいってしまうんですね。たぶん嬉しそうに、隊長のような気分になって。一つのことに集中すると他が目に入らなくなっちゃう。私であれば下の子の様子も見つつ、注意すると思うんですね。そういうことができない。数学の十手先までは読めるかもしれませんが、他のことの予想はつけられない」

すさまじい集中力の持ち主であるとともに、日常生活では結構苦労もありそうだ。

「現実の生活がしんどいと思ったことはあるんだけど、数学がしんどいと思ったことはないですね」

黒川先生はそっと瞬きする。

「数学は非常に美しい世界で論理もきっちり通ってるので、それはとっても理想的なんです。でも現実の世界というのはそんなに理想的ではありませんよね。だからどちらかと言えば数学の国に行きたいと思います。誰も嘘《うそ》をつかず正しいことを言う数学の国」

「問題が解けなくて苦しいとか、そういうことはないんでしょうか」

「ううん、それはある意味当たり前のことなんですよ。むしろ解けないことを楽しむ。解けなければ、楽しむ時間が長くなるでしょう。電車なんかでも、新幹線は確かに速いけれど、鈍行の方が楽しむ時間が長くなる。だから『青春18きっぷ』が僕は非常に好きなんです」

「数学というと、問題を解くのが一番大事だと思ってました」

「学校教育におけるテストとか、受験ではそうですよね。でもあれは人類の誰かが一回解いていて、それを他の人に解かせているわけです。ある意味人類にとっては無駄な仕事なんですよね、いじめに近い」

河原に石を積んで積み上がったら崩される、そんなもののように黒川先生は言う。

「だから新しい予想を立てていく、新しい問題を作っていくというのが、数学を楽しむ正しい方法だと思います」

「そして、その新しく作った問題が解けないのを楽しむわけですか。でも、どんな風に進めていくんでしょうか」

「数学の場合は自分でいろいろ考えなくてはいけないんですよ。物理なんかは耳学問のところもあるんだけど」

「耳学問というのは、何でしょう」

「数学では『何かができた』と発表されても、すぐには信用しないんですね、自分で確かめるまでは。物理の場合はいちいち確かめていたら後《おく》れを取ってしまうので、できたものとしてやっていきます。そこがだいぶ違います。何かの学会での発表というのはあまり意味がなくて、最終的に論文になって出版された時、つまり複数の人による検証を経て間違いないという段階になって、初めて意味がある」

黒川先生はあっさりと言ったが、これは結構すごいことかもしれない。

「これは砂糖の瓶《びん》ですよ」と渡された時、普通の人は特に何も考えず、コーヒーに入れて飲むだろう。しかし数学者は自分で舐めて確かめ、確かに砂糖だと納得してからでなければ使わない、そんな話なのだ。いや、そもそもコーヒーに砂糖を入れると美味しいということすら疑ってかかるかもしれない。そもそも美味しいとはどういう定義なのか、と思考が進んでいくかもしれない。

「だから疑う力が強い人の方が幸せかもしれません。どんどん納得しちゃう人は、数学を学習する時はいいんだけど、研究する、新しいことを探究していく、という立場になると不利なんですよ」

「そうか。疑うということは、そこに新しい問題を作るということになる……」

「はい。学習する中で納得できるということはつまり、自分の考え方が過去の考え方と似ているわけです。逆に言えば、これまで解けなかった問題を解くには向いていない。過去の考え方で解けなかったからこそ、未解決問題として残っているわけですから」

「なるほど。じゃあ、普通とは違う物の見方が必要なんですね」

「そうですね」

「納得せずに疑って、それを貫き通す」

「はい。小平邦彦《こだいらくにひこ》さんというフィールズ賞受賞者は、『数学とは沼の底の泥の中を這《は》いずり回っているようなものだ』と言いました。泥の中で一人、ああでもない、こうでもないとやって、長年経ってからそのうち水上に出てくると」

「その泥の中の作業に楽しみを見いだすわけですか」

「はい」

僕は少し考えてみたが、さっぱりわからなかったので聞いてみた。

「何が楽しいんですか、それは？」

「ううん、他の人からはわからないでしょうね。でも、自分の世界だけで苦しんでいるというのは非常に楽しいのです。他の人が知らないことをやっている楽しさ」

「もしかして、未知の惑星に冒険に行っているような感じでしょうか」

「ああ、それに近いと思います」

数学者がみな少年のようにきらきら光る瞳を持っているわけが、わかった気がした。

「父に数学を教えてもらおうとしても、よくわからないんですよ」

陽子さんは苦笑する。

「どんどん一段飛び、二段飛びで説明しちゃうので。野球の長嶋茂雄《ながしましげお》さんみたいなものですね、『来たボールを打てばいい』というような。わからない人の気持ちがわからない」

「おうちでの普段の話し方とかは、どうなんですか。やっぱり理路整然と、数学のように話をされるんでしょうか」

「しないわよね」

奥様が呟き、陽子さんも頷く。

「あんまりそういう感じじゃないかもしれませんね」

意外だった。

僕からすれば黒川先生の話はとても整っていて、難しい概念が頭の中にすっと入ってくるような感覚があるのだが。

「先ほど電車の中でメモを取っていると申しましたけれど、それも『この人おかしいんじゃないの』っていうようなメモなんですよ」

「ああ、確かに研究室もメモで埋め尽くされてましたね……メモがいくつか溜まると論文になる、と仰ってました。あの中身は、どういうメモなんでしょうか。数学の計算っぽい？」

「いえ、そうは見えません。生物の系統樹《けいとうじゅ》？　みたいな感じなんです」

何だか底知れない気配が漂ってきた。

「計算というと私たち、イコールで繋げながら上から下へと続けていって、最後に答えが出るじゃないですか。そういうものではない。記号やら何やらが、ページいっぱいに散らかっているような」

陽子さんが奥様に付け加える。

「時にはなんか架空の動物が描いてあったりとかもします。突然松尾芭蕉《まつおばしょう》の句が出てきたり。いろんな文化を結びつけて組み合わせて、一つの世界を構築するようなことをしているんじゃないかと」

「か、架空の動物ですか？」

普通とは違う物の見方。泥の中を這いずり回る楽しみ。

黒川先生の中に、それらが詰まっているのがなんとなくわかってきた。

「どうだったかな、メモに描いたかどうかは覚えてないですけどね」

黒川先生に聞いてみると、笑いながら答えてくれた。

「でもゼータ関数を考える時に、ある意味でゼータ関数はゼータ惑星の生き物だと思っているので、それを想像してスケッチを描いたのかもしれませんね。本当は絵が得意な人が描いてくれたらありがたいんだけどなあ」

「数学の関数が、生き物なんですか？」

「イメージの話ですけどね。ゼータの中には植物にあたるゼータもいれば、動物にあたるゼータもいる。そういう考え方をしていくと、実際に論文を書くにあたって役に立つんです。ただ、あんまり表に出すと評判が良くないので、論文の中には書きませんけれど」

「何だか黒川先生の中では、数学と生物学の境目がないような感じですね……様々なジャンルの本を買い集めて、いっしょくたにしているそうですが」

「ううん、自分が知りたいと思った分野、読みたいと思った本を集めているだけですけれどね」

「何でも数学と結びつけて捉えてしまうんでしょうか？」

「どうでしょうね。でも、たとえば安藤昌益《あんどうしょうえき》という江戸時代の思想家がいるんですけれど、その人の書いたものを見ていると、ある意味で数学について書かれたもののように理解できるんですよね」

「それは、思想について書かれた本……」

「ええ、自分で作り出した思想なんですよね。それが数学なら、こういうことを言いたかったんじゃないかと思えるわけです。そういうことはあります」

やはり数学は言語なのだ。

黒川先生は世の中のいろいろなものを見聞きした結果を、数学という言語に落とし込むことができる。識字率《しきじりつ》が低かった時代、本を読む人が魔術師に見えたように、僕たちからするとそれは魔法のように思えてしまうが。

「そういえば、黒川先生は旅行に行っても数学のことばかり考えて、景色は見ていないんじゃないかって奥様が仰っていましたけれど」

「いえいえ、見てますよ、見てます」

苦笑しながら否定する。

「ただ、まあ景色を見ながら数学をやるってことはありえますね。美しい景色を眺めつつ、ゼータ惑星の風景もこんなものだろうかと、思いを馳《は》せる……」

これは景色を見ていると言えるのだろうか。判断が難しいところだ。


「でもイベントごとなんかは、ちゃんとやってくれるタイプです」

陽子さんはビデオカメラを構える真似をしてみせる。

「ただ、子供たちの運動会でビデオを撮ってると、半分くらいの時間は空を撮ってるんです。ずーっと画面が空」

「それは、どうしてですか？」

「なんか空が好きなんだと思います」

奥様が横から口を挟んだ。

「それでバッテリーが切れちゃって、家に取りに帰ったりしてね。何やってんのって」

「私も空は好きで。父と一緒に雲を見ていると、『今日の雲を描いた人はとても上手だ』とか言うんです。雲を描く職業の人が空の上にいるという設定で、寸評するんですよ。今日は下手だとか」

「童話作家でもやっていけたかもしれませんねぇ」

奥様も笑う。

家族で数学の話をすることはほとんどなく、むしろ雲とか動物とか、そういった話が多いのだそうだ。

「子供たちは『透明本』を読んでもらってたでしょう」

「何ですか、それは？」

身を乗り出した僕に、陽子さんが説明してくれた。

「昼寝をする時に絵本を読んでもらったりするじゃないですか。そこでオリジナルの物語を話してくれるんです。ここに本があるという設定で、アドリブでストーリーを話すんですよ。

私と弟のリアクションを見ながら。『空から毛虫が落ちてきた』というシーンで笑うとわかったら、毛虫ばっかり何度も落ちてきたりして」

奥様が意外そうな顔をする。

「へえ、そういう空気を読むようなところ、あの人にはないと思ってたけれど」

「読むよ。だんだん落ちてくる毛虫の量が増えていくとか」

話を聞いていると、愉快なお父さんにしか思えなくなってくる。少なくとも透明本を読んでいる時、黒川先生は数学のことを忘れているのではないだろうか。

陽子さんはこんな風に表現してくれた。

「数学というすごく大切なものが常に頭の中にあって、生活の中心になっているとは思いますけれど、家族は家族で大切にする人です」

奥様も頷く。

「そうね。数学を犠牲にしても、家族のために行動すると思います。そういう気はする。たとえば私たちが入院しましたら、毎日病院には来ます。この子が生まれた時も毎日、必ず大学が終わったら病院に来てました」

「病院に来て、何をしているんですか」

「にこにこしてますね」

「うん、にこにこしてる。いつもみたいに」

陽子さんも奥様も、黒川先生の怒った顔を見たことがないのだそうだ。

「家族と数学、どっちを選ぶかというと、それは両方ですね」

黒川先生に確かめたところ、そんな答えだった。

「いえ、究極的には家族かな」

数学の国に行きたい、とまで言っていた人の言葉としては少し不思議でもある。もしかしたら黒川先生は、家族を連れて数学の国に旅行したいのかもしれない。

「うちの妻は生きる力がすごく強くてね、非常に有能なんですよね。僕は大学の先生、彼女は高校の国語の先生をやっていたわけだけど、大学生というのは指導するというよりは伸ばせばいいという感じで。一方の高校生は退学させてもいけないし、うまく指導しないといけないところがあるんですよね。そのあたりが彼女はうまい」

「確かに、対照的な性格だなあとは思いました。奥様のどういったところに惹《ひ》かれたんですか？」

「お見合いだったんですけどね。処理速度が速いんです。頼りになる。江戸っ子のような感じでね。だから僕はもう現実的なことについてはほとんど考えなくてもいいんですよ。自分の銀行口座がどうなっているのかも知らないんです、任せちゃってる」

あるいは、奥様がいてくれるから、黒川先生は安心して数学の国に行けるのかもしれない。


「いい人だな、というところですね」

奥様にも、黒川先生のどこに惹かれたのかを聞いてみた。

「悪いことは絶対できない人なんです。それから他人に強制もしないですね。やりたいことはやらせてくれます」

「台所でガサガサガサッて、動物が隠れて餌《えさ》を取りに来るみたいに父が棚をあさっていることがあるんですよ。私が台所の扉を開けると、こう、ぴたりと止まって」

陽子さんが教えてくれた。

「口にチョコレートつけてるんですけれど、『食べてない』って言い張るんですよね」

「そうそう。頂き物のお菓子なんかも、食べてるんですけどね、包み紙を偽装するんですよ。あたかも中にまだ入っているかのように膨《ふく》らませて、箱に残しておく。そんなことしたってばれるのに。面白い生態だなって思ってます」

奥様も半ば諦めているようだ。なるほどなあ、と僕は唸《うな》った。

「天才にも日常があるんですね」

「もちろんです。普通です。いや、普通以下かな」

「先ほど、部屋を三つ、紙で潰しているとのことでしたが」

「はい。床が抜けた部屋もあります」

「私、家というのは何部屋かが紙で埋まっているものだと思ってました」

　奥様と陽子さんが口々に言う。

「今主人が使っている部屋は母屋に隣接したところなんですけれど、トイレに来るにしても毎回、几帳面《きちょうめん》にわざわざ鍵をかけるんです。でも紙で埋まってる部屋ですよ。盗まれる物なんてないと思いますけどね。泥棒が入ったって尻尾《しっぽ》巻いて帰っちゃうわよ」

「すでに誰か空き巣が入ったのかな、って感じだよね」

「そう。私がいなければ、単なるゴミ屋敷ですよ」

「そうね」

「リーマン予想でも解けていて、そのノートが中にあるなら鍵を閉めるのもわかるけど。でも私は時々言うんですよ、『地震が来たらこれとこれを持って逃げよう、パパはリーマン解けたのを持って逃げればいいんじゃない』とか。カマをかけてみるの。その反応を見るに、まだ解けてないと思いますね」

　数学者がいる家庭ならではの会話である。

僕は改めて、黒川先生にお礼を言った。

「本当に今日はありがとうございました」

再度のインタビューに応じてもらったばかりではない。奥様と娘さんにお話を聞かせていただくことまで、お願いしたのである。黒川先生は快く引き受けてくれた。

「いえいえ。何か参考になりましたか？」

「はい、とても」

取材を始める前、数学者と言えば天才、変人、といったイメージを勝手に思い描いていた。だから会いに行く前には緊張したし、珍獣の檻《おり》を見物するような少々よこしまな期待感があったのも白状しよう。

しかし、たくさんの人にお話を伺う中で僕の考えは変わってきた。

確かに数学者には普通とは違うところもある。だけどすごく身近な部分もある。果たしてどちらが実像なのか確かめたくなった。そこに数学というものの、僕なりの答えがあるような気がした。だからいつも数学者のそばにいる、ご家族にお話を聞きたかったのである。

黒川陽子さんは劇作家として活躍している。数学とは全く別の分野のようだが、何か影響はあったのかと聞いてみた。

「数学という中心が自分の中にあるからこそ、社会に参加していくことができる。仮に社会からはじかれても、自分には数学という生きる道があると思える。そういうところが父にはあると思います。私も文学については、そんな感じかもしれません。そういう生き方を見せてもらったから、ある意味とても自信になります」

数学も文学も「何の役に立つの？」と聞かれがちな分野だ。そのせいか、文学を志すことについて黒川先生から反対は全くなかったという。

「あとは、私はあまり情緒に偏った台詞とかを書かないんです。どちらかと言えば数学の証明みたいな感じで、この舞台にはこういう問題があり、解決術をこうして選んでいく、といった風に論理立てて書くところがあります。数学っぽい書き方だね、と言われたりします。意識してやっていたわけではないんですけれど」

そんな陽子さんが生まれた時、黒川先生は大喜びだったそうだ。

「もう可愛くて、可愛くて仕方ないというね」

奥様が遠い目をする。

「この子が泣いていると、どうして泣かせてるんだって。誰も寄せ付けない、この子が嫌がることは何もさせないって。でも牛乳を際限なく飲ませちゃって、吐かせちゃったりもするんですよ。ちょっと空回りしてるんですよね」

二人はおかしそうに笑っていた。


「では、撮りまーす」

僕はカメラを向けて合図する。ソファには黒川先生が、奥様と陽子さんに挟まれる形で座っている。女性陣は微笑み、黒川先生はいつものようにまっすぐな瞳でこちらを見つめていた。陽子さんが用意した大きな花束が、一際《ひときわ》華やかだ。

インタビューを終えて写真を見返しながら僕は思う。そっくりだなあ。黒川先生と陽子さんのみならず、黒川先生と奥様も何だか似た雰囲気を纏《まと》っている。家族だ。

変わっていると言えば変わっているし、どこにでもいると言えばどこにでもいる人。数学者を、数学を、どう解釈するかは自由だ。

わかったのは、美しい数学の根底には僕たちの周りと同じ、ごく当たり前の日常があるということ。

だから数学者の日常は、世にも美しい。

「黒川先生、どうしてご自分の部屋に毎回鍵をかけるんですか？」

僕が聞くと、黒川先生はにやりと笑う。

「リーマン予想の証明、盗まれたくないもので」

取材に協力してくださった皆様に、改めて御礼を申し上げます。

本作に盛り込んだのは取材に協力してくださった方の営みのごく一部に過ぎないこと、および、数学に関わっている方のごく一部に過ぎないことを、お含み置きいただければ幸いです。

本書の取材は二〇一七年五月から二〇一八年九月にかけて行いました。文中の年齢などは取材時のものです。

▲【取材させていただいた皆様】

黒川信重（くろかわ・のぶしげ）

1952年栃木県生まれ。1975年東京工業大学理学部数学科卒業。1977年同大学大学院理工学研究科数学専攻修士課程修了。東京大学助教授などを経て、現在、東京工業大学名誉教授。理学博士。専門は数論、特に解析的整数論、多重三角関数論、ゼータ関数論、保型形式。『リーマン予想の150年』『ゼータの冒険と進化』『ラマヌジャン探検　天才数学者の奇蹟をめぐる』『リーマンの夢　ゼータ関数の探求』『リーマン予想の今、そして解決への展望』『零和への道　ζ《ゼータ》の十二箇月』ほか著書多数。

加藤文元（かとう・ふみはる）

1968年宮城県生まれ。1997年京都大学大学院理学研究科数学・数理解析専攻博士後期課程修了。博士（理学）。九州大学大学院数理学研究科助手、京都大学大学院理学研究科准教授、熊本大学大学院自然科学研究科教授、東京工業大学大学院理工学研究科数学専攻教授を経て2015年より東京工業大学理学院数学系教授。専門は代数幾何学、数論幾何学。著書に『ガロア　天才数学者の生涯』『物語　数学の歴史　正しさへの挑戦』

『数学する精神　正しさの創造、美しさの発見』『数学の想像力　正しさの深層に何があるのか』『宇宙と宇宙をつなぐ数学　ＩＵＴ理論の衝撃』など。

千葉逸人（ちば・はやと）
１９８２年福岡県生まれ。２００１年京都大学工学部入学。２００９年京都大学大学院情報学研究科数理工学専攻博士課程修了。九州大学マス・フォア・インダストリ研究所准教授を経て、２０１９年より東北大学材料科学高等研究所教授。専門は力学系理論、微分方程式、非線形函数方程式。大学3回生で『これならわかる　工学部で学ぶ数学』を出版。２０１３年に「藤原洋数理科学賞奨励賞」受賞。２０１５年に当時未解決問題であった蔵本予想の証明をしたことで２０１６年に「文部科学大臣表彰　若手科学者賞」を受賞。著書に『ベクトル解析からの幾何学入門』など。

堀口智之（ほりぐち・ともゆき）
１９８４年新潟県生まれ。山形大学理学部物理学科卒業。世界各国の大学生が参加する日本最大のビジネスプランコンテストで特別賞受賞。20種類以上の職を経験の後、２０１０年に自己資金10万円で「大人のための数学教室　和（なごみ）」創業、２０１１年に会社化。現在、和から株式会社代表取締役。会員数3000人以上、講師40名以上を抱えるまでに成長。

タカタ先生（たかたせんせい）
1982年広島県生まれ。2005年東京学芸大学教育学部数学科卒業。現在、数学教師と芸人の両輪で活動。「日本お笑い数学協会」の会長として、数学嫌いの日本人を単調減少させるべく奮闘中。YouTubeチャンネル「スタフリ」での世界一楽しい中学数学授業が人気。2016年にお笑いコンビ「タカタ学園」を結成。2017年サイエンスアゴラ賞受賞（日本お笑い数学協会として）。共著に『笑う数学』『笑う数学 ルート4』（日本お笑い数学協会名義）。

松中宏樹（まつなか・ひろき）
1986年山口県生まれ。京都大学大学院情報学研究科力学系理論分野修士課程修了。大学院修了後、国内のメーカーに勤務するが、数学への夢を諦めきれず、31歳の時に退職、「大人のための数学教室　和（なごみ）」の講師に。

ゼータ兄貴（ぜーたあにき）
２００３年生まれ。２０２１年現在は、人間行動生物学に没頭。13歳の時に数学に目覚める。

津田一郎（つだ・いちろう）
１９５３年岡山県生まれ。理学博士。数理科学者。専門は応用数学、計算論的神経科学、複雑系科学。大阪大学理学部卒業、京都大学大学院理学研究科博士課程修了。九州工業大学助教授、北海道大学・大学院教授を経て、現在、中部大学創発学術院教授、北海道大学名誉教授。日本でカオス学を確立した。HFSP Program Award（２０１０年）、ICCN Merit Award（２０１３年）、日本神経回路学会学術賞（２０２０年）などの受賞歴あり。著書に『心はすべて数学である』『脳のなかに数学を見る』など。

渕野昌（ふちの・さかえ）
１９５４年東京都生まれ。１９７７年早稲田大学理工学部化学科卒業。１９７９年同大学理工学部数学科卒業。１９８９年 Dr. rer. nat.（ベルリン自由大学）。１９９６年Habilitation（教授資格―ベルリン自由大学）。ハノーバー大学、ヘブライ大学、ベルリン自由大学を経て、北見工業大学、中部大学、神戸大学大学院システム情報学研究科教授。現在、神戸大学名誉教授。専門は数理論理学、特に集合論とその応用。著書に『Emacs Lispでつくる』、共著に『ゲーデルと20世紀の論理学（ロジック）』第4巻、訳書に『数とは何かそして何であるべきか』『現代のブール代数』『巨大基数の集合論』『連続体』など。現在、集合論に関する複数の専門書のほか、『自己隔離期間の線形代数』と題する教科書／独習書を執筆中。

阿原一志（あはら・かずし）

1963年東京都生まれ。1992年東京大学大学院理学研究科数学専攻博士課程修了。現在、明治大学総合数理学部先端メディアサイエンス学科教授。専門は位相幾何学、コンピューティング・トポロジー。幾何学を中心に、広く数学に関係するソフトウェアを開発。著書に『パリコレで数学を　サーストンと挑んだポアンカレ予想』『コンピュータ幾何』『ハイプレイン　のりとはさみでつくる双曲平面』『計算で身につくトポロジー』など。趣味はピアノ、折鶴、テニス。

高瀬正仁（たかせ・まさひと）
1951年群馬県勢多郡東村（現、みどり市）生まれ。数学者・数学史家。専攻は多変数関数論と近代数学史。『評伝岡潔』三部作（星の章、花の章、虹の章）、『リーマンと代数関数論　西欧近代の数学の結節点』『数学史のすすめ　原典味読の愉しみ』『オイラーの難問に学ぶ微分方程式』『数論のはじまり　フェルマからガウスへ』『数学の文化と進化　精神の帰郷』『岡潔　多変数解析関数論の造形　西欧近代の数学への挑戦』『クンマー先生のイデアル論　数論の神秘を求めて』ほか著書多数。

Ω【参考文献】

『絶対数学』黒川信重・小山信也著／日本評論社
『リーマン予想の探求　ABCからZまで』黒川信重著／技術評論社
『ゼータの冒険と進化』黒川信重著／現代数学社
『絶対ゼータ関数論』黒川信重著／岩波書店
『絶対数学原論』黒川信重著／現代数学社
『数学の夢　素数からのひろがり（岩波高校生セミナー　④）』黒川信重著／岩波書店
『リーマンと数論（リーマンの生きる数学　1）』黒川信重著／共立出版
『ラマヌジャン探検　天才数学者の奇蹟をめぐる（岩波科学ライブラリー）』黒川信重著／岩波書店
『リーマンの夢　ゼータ関数の探求』黒川信重著／現代数学社
『リーマンの数学と思想（リーマンの生きる数学　4）』加藤文元著／共立出版
『数学する精神　正しさの創造、美しさの発見（中公新書）』加藤文元著／中央公論新社
『物語　数学の歴史　正しさへの挑戦（中公新書）』加藤文元著／中央公論新社
『ガロア　天才数学者の生涯（中公新書）』加藤文元著／中央公論新社

『これならわかる　工学部で学ぶ数学』千葉逸人著／プレアデス出版
『ベクトル解析からの幾何学入門 改訂新版』千葉逸人著／現代数学社
『心はすべて数学である』津田一郎著／文藝春秋
『数とは何かそして何であるべきか（ちくま学芸文庫）』リヒャルト・デデキント著　渕野昌訳・解説／筑摩書房
『計算で身につくトポロジー』阿原一志著／共立出版
『パリコレで数学を　サーストンと挑んだポアンカレ予想』阿原一志著／日本評論社
『近代数学史の成立　解析篇　オイラーから岡潔まで』高瀬正仁著／東京図書
『紀見峠を越えて　岡潔の時代の数学の回想』高瀬正仁著／萬書房
『人物で語る数学入門（岩波新書）』高瀬正仁著／岩波書店
『発見と創造の数学史　情緒の数学史を求めて』高瀬正仁著／萬書房
『岡潔先生をめぐる人びと　フィールドワークの日々の回想』高瀬正仁著／現代数学社
『現代思想　２０１７年３月臨時増刊号　知のトップランナー50人の美しいセオリー』青土社
『天書の証明』M・アイグナー・G・M・ツィーグラー著　蟹江幸博訳／丸善出版

解　説——数学者の秘密

黒川信重

著者の二宮さんが編集者の袖山さんと一緒に、大岡山駅前の東京工業大学に訪ねてこられたのは、たしか2017年の正月だったので、かれこれ四年前のことになる。本館三階の廊下で遭遇して、インタビューとなったことは覚えているが、その中身はほとんど忘れてしまっていた。その時の話は、二宮さんの筆で本書に鮮やかに記述されていて、記憶がよみがえってくる。

本書が単行本として書店に並んだのを確かめに行ったのが、2019年の4月上旬のことであり、取材された責任は果たしたとほっと安心しきっていたところ、今回は文庫化とのことで、新年早々目出度いと思っていたら、その「解説」を、という想定外の事態に驚いている。

本書は、数学者の日常がどのようなものかを描いた歴史上初の本である。読んでいただければわかるように、一般の方には初耳のことばかりであろう。数学関係者は恥ずかしがり屋が多いので自分自身をほとんど語ってこなかったのを、二宮 - 袖山という絶妙のコンビは、時々「小説幻冬」編集長（当時）の有馬さんも参加して、数学者たちの日常をさまざまな角度から上手に引き出している。登場人物の一員としての私からすれば「上手に乗せられて引き出された」と言うべきであろうが。

私は本書によって、数学者の日常をはじめて客観的に認識することができた。いくつか思い当たることを思いつくまま綴ってみよう。個人的意見である。

はじめに断っておきたいことは、言うまでもないことであろうが、数学者といえども世間の人と変わりないことも多いということである。たとえば、ごく最近になって私は初孫を得たのであるが、世間の人と同じで、目に入れても痛くない。

数学は、たいていは個人の仕事だ。恥ずかしがり屋に向いている。その点は、チームワークが大切になる物理学などとは異なっている。数学の話というのは、普通は黒板に白墨（チョーク）という古典的方法でするし——その際にメモを見ないことが肝要であり、信用されるし、格好良い——それで説明できるくらいに単純明快な内容なのが数学である。

それに較べれば物理学などは、目の前で実験データを黒板に書いて行くなんてことが規定の時間内にできるはずはないだろうし、必然的にデータを集積したり画像化したりして、多数の研究者の手を経て、講演会場のプロジェクターなどで映し出す、というのが適切なので、いま流行りのオンラインとも相性が良いであろう。

その点、数学は、黒板にゆっくりと書かれて行くのを見るというスピードが、理解にちょうど合っている。

ここのところ（これを書いているのは2021年1月だ）の新型コロナウイルスによるパンデミックでの外出制限を、苦痛に感ずる人は少なくないようである。ところが、数学関係者は、もともと、ひっそり黙々と計算しているのが日常なので、仕事がはかどると聞く。

もちろん問題もある。一つは、パンデミックで図書館が閉鎖されることが多く、文献を調べるのが難しくなっていることである。私の研究している分野では、少なくとも1700年頃からの論文を読む必要があり、そこからヒントを得て最先端の研究を進めるというのが日常茶飯事である。だから本当は、過去にも未来にも跳べるタイムマシンの使用許可が欲しい。

さらに、数学の深い議論は二、三人の三密状態で行うのが風習であり、数学研究のコツ自体が、そのようにして人から人へと伝えられてきた（感染してきたというのが正しいのかも知れない）ことも事実である。私の経験から見ても、少人数のセミナーが、真の数学の伝授に最適であった。そのような伝統芸が今回のパンデミックで途絶えてしまわないことを祈りたい。

救いは数学史に求めることができる。文献をひもといてみると、三百五十年ほど昔になるが、イギリスのニュートンが「微積分学」「万有引力の法則」「光のスペクトル分解」という三大発見をしたのは、１６６５年から翌年にかけてペストのパンデミックで大学が休校になり、故郷に一年半ひとりで引きこもっていた時のことだとわかる。

日本において、高木貞治《たかぎていじ》がひとりで「類体論」を確立したのは、いまから百年前の〝スペイン風邪〟によるパンデミックの頃であり、類体論の大論文が遂に１９２０年に出版されたときは、世界を驚かせた。それは、「クロネッカーの青春の夢」とロマンチックな名前で呼ばれる大予想も証明したもので、数学史上に燦然と輝く記念碑となった論文であった。

ニュートンと高木に共通することは、パンデミックで情報が入ってこない状態でひとり研究していたことである。今回の新型コロナのパンデミックをくぐり抜けた先にどんな成果があらわれるのか期待したい。

さて、数学者の美しい日常については、二宮さんの本文に手にとるように記述されている。二宮さんの文章を読んでいて頭に浮かんだのは「数学者の秘密」というものがあるのかも知れないということであった。すなわち、数学にかかわる人たちは、それぞれ違っていても、〝数学との秘密〟を持っていて、それを生きがいにしているのではないだろうか。

私の場合なら「リーマン予想」である。

私は日々、何も命令されなければ、基本的にリーマン予想のことを考えている。とくに、毎月一回の「リーマン予想日」には他のことを考えないように過ごす。リーマン予想日とは、1月2日、2月4日、3月6日、4月8日、5月10日、6月12日、7月14日、8月16日、9月18日、10月20日、11月22日、12月24日である。つまり、「M月D日がリーマン予想日」とは、「分数M／Dが1／2と等しくなるとき」である。

この1／2という鍵になる数は『リーマン予想：ゼータ関数の非自明な零点の実部は、二分の一である』から来ている。数学最大の未解決問題と言われるリーマン予想は、1859年にリーマンが提出して162年が経ち一億円の賞金もかかっている。その意味を知りたい人は直ちに二宮さんの本文を読んで頂けば良い。リーマン予想はいつ解けるのかもわからない。タイムマシンが使えればヒルベルトが言ったように500年後に跳んで、解けているかどうか見てきたいものである。それが私の数学者としてのささやかな願いである。

――数学者

この作品は二〇一九年四月小社より刊行されたものです。

世《よ》にも美《うつく》しき数学者《すうがくしゃ》たちの日常《にちじょう》

二宮敦人《にのみやあつと》

令和3年4月10日　初版発行

発行人――石原正康
編集人――高部真人
発行所――株式会社幻冬舎
〒151-0051東京都渋谷区千駄ヶ谷4-9-7
電話　03(5411)6222(営業)
03(5411)6211(編集)
振替00120-8-767643
印刷・製本―図書印刷株式会社
装丁者――高橋雅之

幻冬舎文庫

ISBN978-4-344-43077-8　C0195　に-14-5

幻冬舎ホームページアドレス　https://www.gentosha.co.jp/
この本に関するご意見・ご感想をメールでお寄せいただく場合は、
comment@gentosha.co.jpまで。